名家问茶系列丛书

茶树种植管理100问

韩文炎 李鑫 著

中国农业出版社
北 京

图书在版编目（CIP）数据

茶树种植管理100问 / 韩文炎，李鑫著. -- 北京 ：中国农业出版社，2025. 6. --（名家问茶系列丛书）.
ISBN 978-7-109-32740-5

Ⅰ. S571.1-44

中国国家版本馆CIP数据核字第202566SN84号

茶树种植管理100问

CHASHU ZHONGZHI GUANLI 100 WEN

中国农业出版社出版

地址：北京市朝阳区麦子店街18号楼

邮编：100125

责任编辑：姚　佳　　文字编辑：李瑞婷

版式设计：杨　婧　　责任校对：吴丽婷

印刷：中农印务有限公司

版次：2025年6月第1版

印次：2025年6月北京第1次印刷

发行：新华书店北京发行所

开本：880mm×1230mm　1/32

印张：4.75

字数：132千字

定价：58.00元

丛书编委会

总序

世人说到茶，一定会讲到中国，因为中国是茶的原产地，茶文化的发祥地。而谈到中国，茶总是绕不开的话题，因为中国是世界茶资源积淀最深、内涵最丰富、呈现最集中的地方。

众所周知，中国产茶历史悠久，早在数千年前，茶就被中国人发现并利用，至秦汉时期茶事活动不断涌现，隋唐时期茶文化勃然兴起，宋元时期盛行于世，明清时期继续发展，直到民国时期逐渐衰落。20世纪50年代，特别是80年代以来，再铸新的辉煌。

茶经过中国劳动人民长期洗礼，早已成为一个产业，不但致富了一方百姓，而且美丽了一片家园，还给世人送去了福祉。茶和天下，化育世界。如今，全世界已有60多个国家和地区种茶，种茶区域遍及世界五大洲；世界上有160多个国家和地区人民有饮茶习俗，饮茶风俗涵盖世界各地；世界上有30多亿人钟情于饮茶，茶已成为一种仅次于水的饮料。追根溯源，世界上栽茶的种子、种茶的技术、制茶的工艺、饮茶的风俗等，无一不是直接或间接地出自中国，茶的“根”在中国。

由中国农业出版社潜心组织，中国茶生产、茶文化、茶科技、茶经济等领域有深入研究的专家学者精心锻造、匠心编纂，倾情推出“名家问茶系列丛书”，内容涵盖茶的文史知

识、良种繁育、种植管理、加工制造、质量评审、饮茶健康、茶艺基础、历代茶人、茶风茶俗、茶的故事等众多方面，这是全面叙述中国茶事的担当之作，它不仅能让普罗大众更多地了解中国茶的地位与作用；同时，也为弘扬中国茶文化、促进茶产业、提升茶经济和对接“一带一路”提供了重要平台，对中国茶及茶文化的创新与发展具有深远理论价值和现实指导意义。

“名家问茶系列丛书”深耕的是中国茶业，叙述的是中国茶的故事。它们是中华文化优秀基因的浓缩，也是人类解读中华文化的密码，更是沟通中国与世界文化交流的纽带，事关中华优秀传统文化的传承、创新与发展。

“名家问茶系列丛书”涉及面广，指导性强，读者通过查阅，总可以找到自己感兴趣的话题、须了解的症结、待明白的情节。翻阅这套丛书，仿佛让我们倾听到茶的声音，想象到茶的表情，感受到茶的内心，可咏、可品、可读，对全面了解中国茶事实情，推动中国茶业发展具有很好的启迪作用。

丛书文笔流畅，叙事条分缕析，论证严谨有据，内容超越时空，集茶事大观，可谓是理论性、知识性、实践性、功能性相结合的呕心之作，读来使人感动，叫人沉思，让人开怀。

承蒙组织者中国农业出版社厚爱，我有幸先睹为快！并再次为组织编著“名家问茶系列丛书”的举措喝彩，为丛书的出版鼓掌！

是为序。

2024年6月

目录

总序

第一章
茶树种植概述 /1

1. 我国茶区是如何分布的？ /1
2. 为什么茶树生长在南方，而北方没有？ /2
3. 我国江南茶区及其特点是什么？ /2
4. 我国江北茶区及其特点是什么？ /4
5. 我国西南茶区及其特点是什么？ /5
6. 我国华南茶区及其特点是什么？ /6
7. 茶树的一生分几个阶段？ /7
8. 生态茶园建设有哪些基本要求？ /8
9. 有机茶园有什么特点？ /9
10. 什么是低碳茶园？如何建设低碳茶园？ /10

第二章
新茶园建设技术 /12

11. 茶树种植对气候条件有哪些基本要求？ /12
12. 茶树种植对土壤有哪些基本要求？ /14
13. 茶树种植对地形地貌有哪些基本要求？ /15
14. 茶园土地如何合理规划？ /17
15. 茶园道路和水利系统如何设置？ /18

16. 机械化茶园有哪些基本要求？ / 20
17. 茶园土壤如何开垦？ / 21
18. 陡坡茶园如何建立等高梯级园地？ / 22
19. 茶树种植前如何挖沟施底肥？ / 22
20. 如何选择和配置茶树品种？ / 23
21. 适合机采的茶树品种有哪些特点？ / 24
22. 茶树种植密度如何确定？ / 25
23. 如何挑选茶苗？ / 26
24. 茶苗移栽应注意哪些技术要点？ / 27
25. 茶园水土保持有哪些技术措施？ / 28
26. 坡地茶园“竹节沟”如何设置与建设？ / 29
27. 幼龄茶园如何防治杂草？ / 29
28. 幼龄茶园如何施肥？ / 31
29. 幼龄茶园间作的绿肥品种有哪些？如何种植？ / 31
30. 茶园专用绿肥“茶肥1号”应注意哪些种植技术要点？ / 32
31. 茶园补缺应关注哪些技术要点？ / 33
32. 茶园行道树和遮阴树如何选择与管理？ / 34

第三章
茶园土壤管理与施肥技术 / 36

33. 茶园灌溉有哪些指标？ / 36
34. 茶园节水灌溉技术有哪些？ / 37
35. 如何防止茶园积水？ / 38
36. 茶园水肥一体化应注意哪些环节？ / 40
37. 茶园土壤耕作的种类与要点有哪些？ / 41
38. 茶园田间耕作机械有哪些？有什么特点？ / 42
39. 茶园多功能管理机械有哪些？有什么特点？ / 43
40. 土壤免耕的基本条件有哪些？ / 45
41. 茶园平衡施肥的基本原则有哪些？ / 45

42. 茶园高效施肥技术有哪些要点？ / 47
43. 氮对茶树生育有哪些作用？如何施氮？ / 48
44. 磷对茶树生育有哪些作用？如何施磷？ / 50
45. 钾对茶树生育有哪些作用？如何施钾？ / 51
46. 硫对茶树生育有哪些作用？如何施硫？ / 52
47. 镁对茶树生育有哪些作用？如何施镁？ / 53
48. 有机肥有哪些种类？为什么要施用有机肥？ / 55
49. 有机肥料如何进行无害化处理？ / 56
50. 茶园肥料如何选购？ / 57
51. 茶园基肥如何施用？ / 59
52. 茶园追肥如何施用？ / 60
53. 叶面肥有哪些特点？ / 61
54. 叶面肥有哪些种类？如何施用？ / 63
55. 茶园控释肥或缓释肥的特点是什么？如何施用？ / 64
56. 白化型茶树品种如何施肥？ / 65
57. 有机茶园如何施肥？ / 66
58. 严重酸化土壤如何改良？ / 67
59. 酸度不足土壤如何改良？ / 68

第四章 茶树修剪与采摘技术 / 70

60. 优质高效树冠有哪些基本条件？ / 70
61. 茶树为什么要进行修剪？ / 71
62. 茶树修剪的种类有哪些？如何选择？ / 72
63. 幼龄茶园如何进行定型修剪？ / 73
64. 成龄采摘茶园如何进行轻修剪？ / 74
65. 茶树深修剪如何进行？ / 76
66. 茶树重修剪应注意哪些技术要点？ / 77
67. 什么样的茶园需要台刈？为什么多数茶园不需要台刈？ / 78

68. 茶树修剪机有哪些？使用时应注意什么？ / 79
69. 如何培养手采名优茶的立体树冠？ / 80
70. 如何培养机采平面树冠？ / 81
71. 野生大茶树管理技术要点有哪些？ / 82
72. 抹茶茶园如何覆盖？ / 83
73. 茶叶采摘标准有哪些？如何确定？ / 85
74. 名优茶手采应注意哪些技术环节？ / 86
75. 优质茶机采有哪些技术要点？ / 87
76. 采茶机有哪些类型？如何操作？ / 88
77. 鲜叶盛装和贮运应注意什么？ / 89

第五章
茶园病虫草害防控技术 / 91

78. 茶园病虫草害综合防控的基本原则是什么？ / 91
79. 茶园病虫草害的防控技术措施有哪些？ / 92
80. 茶园“三虫一病”指什么？ / 93
81. 茶尺蠖和灰茶尺蠖如何防控？ / 94
82. 茶小绿叶蝉如何防控？ / 95
83. 茶橙瘿螨如何防控？ / 97
84. 茶毛虫如何防控？ / 98
85. 茶黑毒蛾如何防控？ / 99
86. 茶长白蚧如何防控？ / 100
87. 茶黑刺粉虱如何防控？ / 101
88. 茶丽纹象甲如何防控？ / 103
89. 茶炭疽病如何防控？ / 104
90. 茶白星病如何防控？ / 105
91. 茶饼病如何防控？ / 106
92. 茶树根结线虫病如何防控？ / 107
93. 如何保护茶园天敌昆虫？ / 108

94. 茶园粘虫板如何选择和使用? / 109
95. 茶园性信息素诱捕器如何使用? / 110
96. 茶园杀虫灯如何选择和使用? / 111
97. 化学农药如何科学合理使用? / 112
98. 有机茶园病虫害如何防控? / 114
99. 茶园昆虫病毒杀虫剂如何使用? / 115
100. 成龄茶园如何防治杂草? / 116
101. 茶园化学除草剂有哪些? 如何科学使用? / 118
102. 割灌机除草有哪些操作技术要点? / 120

第六章 茶园抗逆和低产低效茶园改造技术 / 122

103. 茶园“倒春寒”如何防控? / 122
104. 茶园冬季低温冻害如何防控? / 124
105. 茶园高温热害如何防控? / 125
106. 茶园干旱如何防控? / 127
107. 低产茶园是如何形成的? / 128
108. 低产茶园如何进行换种? / 129
109. 嫁接换种要注意哪些技术要点? / 130
110. 低产茶园如何进行改土? / 131
111. 低产茶园如何进行树冠改造? / 133

参考文献 / 135

第一章　茶树种植概述

1. 我国茶区是如何分布的?

我国是茶树的原产地，是世界上最早发现、利用和种植茶树的国家，有史可稽的茶树种植史已有 3 000 多年。目前，世界上共有 58 个国家种茶，都是直接或间接从我国传播出去的。我国是世界上茶园面积最大，茶叶生产量和产值最高的国家。2020 年我国茶园面积为 4 748 万亩[①]，干毛茶产量为 298.6 万吨，干毛茶总产值为 2 626.6 亿元。

我国茶园分布在一个非常辽阔的区域，东起东经 122°的台湾岛东岸，西至东经 94°的西藏自治区米林，南起北纬 18°的海南榆林，北至北纬 38°的山东蓬莱；从低山丘陵到海拔 2 600 米的高山均有分布，大约分布在 260 万千米^2 的区域内。我国云南、贵州、四川、湖北、福建、浙江、安徽、湖南、陕西、河南、台湾、江西、广东、广西、江苏、山东、海南、甘肃、重庆和西藏等 20 多个省、自治区、直辖市的千余个县（市、区）都有茶的分布。从茶园面积来看，贵州和云南分居第一位和第二位，均超过 700 万亩；第三位和第四位是四川和湖北，均超过 500 万亩；第五位和第六位是福建和浙江，超过 300 万亩；第七至第十位是安徽、湖南、陕西和河南，均在 200 万亩以上；其他省、自治区、直辖市的面积相对较小，均在 200 万亩以下，其中西藏茶园面积不到 4 万亩，主要集

① 亩为非法定计量单位，1 亩=1/15 公顷。——编者注

中在藏南的林芝市。由于各地气候和土壤条件等各不相同，对茶树的品种特性、生长发育和种植技术有不同的要求，为此，我国茶树种植区域被划分为华南、西南、江南、江北四大茶区。

2. 为什么茶树生长在南方，而北方没有？

如果看一下地图，你会惊奇地发现我国茶区几乎全部分布于秦岭-淮河以南，即我国自然地理学上的南方地区。虽然北方的山东也有种茶，但主要集中于青岛和日照等沿海地区，由于受海洋性气候的影响，在气候特征上与南方接近。

秦岭是横亘于中国中部的巨大山脉，东西走向，全长 1 600 多千米，平均海拔 2 000 米以上，像一堵巨大的“挡风墙”阻挡冷空气南下和夏季暖湿气流北上。秦岭-淮河一线是 1 月平均气温 0℃及年降水量 800 毫米的分界线，也是亚热带常绿阔叶林和温带落叶阔叶林的分界线。

茶树起源于我国西南部湿润多雨的云贵高原。在长期的系统发育过程中，茶树逐渐养成了喜温怕寒、喜光怕晒、喜酸怕碱、喜湿怕涝等特点。茶树适宜的生长温度为 15～25℃，冬季可以忍耐－15～－5℃极端最低气温，但持续时间不能过长，适宜年降水量 1 000 毫米以上，土壤 pH 4.0～6.5。我国南方地区能较好地满足茶树生长发育的这些要求，而北方地区无法种茶，最主要的原因有两个：一是冬季气温过低，如 1 月的平均气温在 0℃以下，极端最低气温常常为零下十几度甚至几十度，且持续时间较长，茶树无法正常过冬。二是北方由于降水少，土壤钙镁等盐基离子淋溶少，导致土壤呈碱性，茶树无法存活。

3. 我国江南茶区及其特点是什么？

江南茶区是我国长江中下游以南、南岭以北的茶叶产区。北起长江，南至南岭，东临东海，西接云贵高原，包括湖南、江西和浙

江，以及广东、广西和福建北部，安徽、江苏、湖北南部等。

江南茶区属中亚热带、南亚热带季风气候区，春暖、夏热、秋爽、冬寒，四季分明。全年平均气温为 15～18℃，最高气温达 40℃以上，1 月平均气温为 3～8℃，极端最低气温可达－16～－8℃；全区大于 10℃的活动积温为 5 000～6 000℃，无霜期 230～280 天；年降水量 1 000～1 500 毫米，以春夏季较多，秋冬季较少；夏秋季高温，易发生伏旱或秋旱；空气湿润，相对湿度在 80%以上。土壤多为红壤，部分为黄壤或黄棕壤，还有小部分黄褐土、紫色土、山地棕壤和冲积土。低丘红壤土层深厚，质地黏重，结构差，有机质含量低，呈酸性或强酸性反应；山地土壤砾石含量高、有机质丰富，结构良好。部分地区表土冲刷严重，土层浅薄。植被以落叶和常绿阔叶树混生为主，也有针叶林。

本区是我国茶叶主要产区。茶树品种资源丰富，育成品种很多，以灌木型为主，小乔木型也有分布。生产的茶类有绿茶、乌龙茶、白茶、红茶、黑茶和花茶等，是全国重点绿茶产区。生产上大面积种植的绿茶品种有福鼎大白茶、迎霜、乌牛早、龙井 43、中茶 108、白叶 1 号、上梅州、福云 6 号、浙农 12、浙农 113 等，群体种有鸠坑种、黄山种、杨树林茶和祁门槠叶种等。乌龙茶品种有水仙、肉桂、铁观音、毛蟹、黄棪、梅占、金观音、黄金桂和金宣等。红茶品种有政和大白茶、水仙、江华苦茶、槠叶齐、安徽 1 号、安徽 3 号等。白茶品种有政和大白茶、福鼎大白茶等。生产的名茶种类繁多，品名有数百种之多，其中最著名的有西湖龙井、洞庭碧螺春、黄山毛峰、太平猴魁、南京雨花茶、武夷岩茶、庐山云雾、君山银针等，在国内外享有盛誉。

本区水热资源丰富，土壤基础好，为茶树的生长发育和高产优质创造了良好的条件。在茶树种植过程中应加强茶园生态建设，防止水土流失，在茶园四周种植行道树或防护林，注意抗旱和防治晚霜冻害等。本区茶叶生产历史悠久，老茶园比重大，应有计划地更新改造、换种改植，种植无性系良种。

4 我国江北茶区及其特点是什么？

江北茶区是我国长江中下游以北的茶叶产区，是我国最北部的茶区。南起长江，北至秦岭、淮河，西起大巴山，东至山东半岛，包括甘肃、陕西和河南南部，湖北、安徽和江苏北部，以及山东东南部等。

江北茶区处于北亚热带北缘，与其他茶区相比，具有气温低、积温少、降水量少、空气湿度低和土壤 pH 较高等特点。大多数地区年平均气温为 13～16℃，1 月平均气温为－2～5℃，极端最低气温常在－10℃以下，有时低达－20℃；全年 10℃以上的活动积温为 4 000～5 000℃，是我国积温最少的茶区，无霜期 200～250 天；年降水量 700～1 000 毫米，主要集中在夏季；空气相对湿度较低，一般在 75%左右。土壤多为黄棕壤、黄壤、黄褐土和紫色土，呈弱酸或酸性反应，部分茶区土壤 pH 略高，土壤质地黏重、结构较差。植被以落叶林，常绿阔叶树和针叶树混生为主。

本区以生产绿茶为主，也有少量红茶。茶树品种以抗寒性较强的灌木型中小叶种为主，推广面积较大的无性系良种有福鼎大白茶、白毫早、信阳 10 号、舒茶早、皖农 95、龙井 43、迎霜和陕茶 1 号等，群体种有紫阳种、信阳种、黄山种等。本区生产的名茶有六安瓜片、信阳毛尖、紫阳毛尖、秦巴雾毫、霍山黄芽等。由于日照时间长、昼夜温差大，且新梢生长期较长，本区生产的绿茶滋味浓醇、香气鲜爽。

本区茶树生长期较短，同时由于易受西伯利亚寒流的侵袭，茶树易受冻害，并常有秋旱，土壤条件也较差，发展茶叶生产需要加强茶园基础设施建设，如在茶园四周营造防风林带，完善抗冻和灌溉设施，加强园地水土保持，选用抗寒品种，在背风向阳和土层深厚的地段发展新茶园等。

5. 我国西南茶区及其特点是什么？

西南茶区是我国西南部茶叶产区，是我国最古老的茶区，也是世界茶树原产地之一。该区北至米仓山、大巴山，南到红水河、南盘江和盈江，东起神农架、巫山、方斗山和武陵山，西抵大渡河，包括贵州、重庆、四川等地，以及云南中北部和西藏自治区东南部等。

西南茶区属亚热带季风气候，地形复杂，有高原和盆地，垂直变化大，各地气候和土壤差异明显，但大部分地区水热资源良好，冬季较少发生冻害，夏季旱热害也不多，适宜茶树生长发育。年均气温四川盆地约为 17℃，云贵高原为 14～15℃，西藏察隅为 11.6℃；1 月平均气温在 4℃以上，极端最低气温一般在－3℃以上，但有时低至－8℃；大于 10℃的活动积温为 4 200～5 800℃，无霜期 220～340 天；年降水量 1 000～1 700 毫米，分布极不均衡，多集中在夏季，易导致水土流失，冬季小于 10%，常有冬春干旱。日照较少、雾多、相对湿度大是该区气候条件的最重要特点。有些地区年雨雾日多达 170 天，日照时数仅为 1 000～1 200 小时。土壤在滇中北为赤红壤、山地红壤和棕壤，川、黔及西藏东南部以黄壤为主，土壤质地黏重，有机质含量较低。植被以常绿或落叶阔叶林为主。

西南茶区茶树品种资源十分丰富，既有灌木、小乔木型品种，又有乔木型品种，还有众多的野生大茶树。南部种植的茶树以云南大叶种为主，北部基本为灌木型中小叶品种，无性系良种有名山 131、巴渝特早、龙井 43、中茶 108、福鼎大白茶、黔湄 601 和南江 1 号等，群体种有湄潭苔茶和崇庆枇杷茶等。生产茶类众多，有普洱茶、红茶、绿茶及花茶等。名茶有蒙顶甘露、都匀毛尖、昆明十里香和青城雪芽等。

在茶树种植过程中应注意夏季暴雨冲刷土壤及冬春季季节性干旱对茶树生育的影响，应加强排灌和水土保持设施建设，多施有机

肥等。

6. 我国华南茶区及其特点是什么？

华南茶区是我国南部的茶叶产区。该区位于欧亚大陆东南缘，包括海南、台湾、福建、广东中南部、广西和云南南部。

华南茶区属于热带、南亚热带季风气候。高温多雨，水热资源丰富。年均气温为18～24℃，平均气温22℃以上的夏季可达半年以上，1月平均气温常高于10℃，极端最低气温很少低于－3℃；大于10℃的活动积温为6 000～8 000℃，无霜期300天以上，很多地方无霜、无雪、无冰冻；年降水量1 500～2 600毫米，南部多于北部，夏季占全年降水量的70%～80%，春季常有干旱发生；空气相对湿度大于80%。与其他茶区相比，本区四季不太分明，但有明显的雨季和旱季之分。土壤主要为砖红壤和赤红壤，部分为黄壤和山地灰化土，土壤深厚，有机质丰富。植被以热带阔叶雨林和常绿阔叶林为主。

本区茶树品种资源异常丰富，灌木、小乔木和乔木型品种很多，山区内乔木型野生大茶树与其他常绿阔叶树种混生。主栽品种有云南大叶种、乐昌白毛茶、凤凰水仙、凌云白毛茶、毛蟹、梅占、铁观音、黄棪、大叶乌龙、金观音、福鼎大白茶、福云6号和早逢春等。生产的茶类也极为丰富，有红茶、普洱茶、六堡茶、乌龙茶、绿茶和白茶等，由于品种和生态条件适宜，特别适合发展普洱茶、红茶、乌龙茶和白茶。如生产的大叶种红碎茶具有“浓、强、鲜”的品质特点。生产的普洱茶滋味浓醇有回甘。名茶有铁观音、凤凰单丛、冻顶乌龙、凌云白毫、南糯白毫等，在国内外享有盛誉。

由于气候温暖湿润，茶树生育期长，在部分地区几乎没有休眠期，全年可以生长。在自然生长状态下，茶树新梢一年可伸长140～160厘米，展叶35～40片，生长4～5轮。因此，对于幼龄茶树可采用分段修剪，迅速培养树冠。但本区暴雨、台风多，易引起水土侵蚀，在生产上应特别注意水土保持；云南和广西南部及海南等，阳光强烈、温度高，茶园内宜适当种植遮阴树。

7. 茶树的一生分几个阶段？

茶树的一生是从一粒成熟的种子播种后发芽、出土形成一株茶苗，茶苗生长成为一株根深叶茂的茶树，以至开花、结果，繁殖下一代，最后在自然和人为条件的作用下逐渐衰老死亡的过程。茶树的一生是从种子开始的，但对于扦插繁育的茶树，则是从营养体插穗开始的。从茶树的生育特点及生产实际出发，常把茶树的一生划分为四个阶段，即幼苗期、幼年期、成年期和衰老期。

幼苗期是从茶籽萌发到幼苗出土，当真叶展开 3～5 片，顶端形成驻芽，第一次生长休止时为止；扦插繁育的茶树则是从营养体再生到形成完整独立植株的时期。这个时期一般需要 4～5 个月。幼苗期最容易受到恶劣环境的影响，特别是高温和干旱。因此，生产上要及时浇水，适当遮阳，提高茶苗成活率。

幼年期是从第一次生长休止到茶树第一次孕育花果的过程，时间为 3～4 年。对于大多数无性系扦插苗来说，由于穗条的阶段发育年龄较高，小茶苗也会开花结实。因此，幼年期是指茶树正式投产前的时期。幼年期茶树生育十分旺盛，在自然生长条件下，茶树主干生长表现为单轴分枝，地下部主根生长明显。幼年期茶树应抓好定型修剪，以养为主，培养优质骨架；同时适当施肥，促进根系分布深广，注意及时除草和对不良环境的防护。

成年期是从第一次孕育花果到第一次自然更新的过程，包括青年和壮年期，大约 30 年。这是茶树生育最旺盛的时期，茶叶产量和品质处于最高峰。成年期的主要栽培技术措施是通过轻修剪、深修剪和重修剪更新树冠；同时，通过合理采摘和留养，加强土壤和肥水管理等，尽量延长成年期，最大限度使茶树优质、高产和稳产。

衰老期是茶树从第一次自然更新到整株茶树死亡的过程。这一时期的长短因茶园管理水平、环境条件和品种不同而异，一般可达数十年。茶树的一生可达100年以上，但经济年限大都在50～60年。此期需要定期采用重修剪更新树冠，恢复树势；同时应加强留养和肥培管理，尽可能延长茶树的经济年限。

8. 生态茶园建设有哪些基本要求？

生态茶园是指产地环境良好，光、温、水、土、气等生态因子相互协调，能充分满足茶树生长发育需要；茶园园相优美，没有土壤侵蚀，与周围行道树、遮阴树或防护林等自然风光相互映衬，景色迷人；茶园管理绿色高效，少施或不施化肥和农药，土壤肥力和生物多样性不断提高；茶叶产品优质安全，经济效益高，可实现持续健康发展的茶园。生态茶园建设必须具备下列基本要求。

（1）产地环境良好，满足茶树生育需要。茶园基地远离污染源，茶园及周边土壤、空气和水清洁干净；茶园生态环境各因子，包括光照、温度、水分、空气、土壤和肥力等能充分满足茶树生长发育的需要，且相互协调被茶树高效利用，即茶园的气候、土壤和地形地貌等自然条件能为茶叶优质高效生产创造良好的条件。产地环境满足《无公害农产品 种植业产地环境条件》（NY/T 5010—2016）的要求。

（2）茶园规划科学，基础设施完善。茶园规划科学，布局合理。根据基地规模和地形地貌，茶园干道、支道、步道和地头道设置合理，相互连接成网，有利于运输和茶园机械作业。主要道路平整清洁。建立有完善的水利系统，蓄水池、排水沟等配套良好，最好建立有节水灌溉等设施。

（3）茶园园相优美，景色迷人。茶树种植规范。缓坡地茶园等高条植，坡度15°～25°的茶园建有等高梯级园地，25°以上的陡坡地保持原有植被。茶园周围、主干道两侧建立有生态防护林或遮阴树，周边植被覆盖度高。茶园水土保持良好，生物多样性丰富，茶树生长健壮，园相整齐漂亮，茶园与周围环境相互映衬，景色迷人。

（4）茶园管理科学，绿色高效。茶园平衡施肥，养分利用率高，不污染环境，土壤质量不断提高；不用或少用化学农药，病虫害绿色防控，茶园生态平衡持续改善；采摘、修剪和留养合理，树冠覆盖度高；积极实施机械化作业，茶叶生产成本较低，经济效益不断提高；茶叶品质优质安全，符合相关标准。建立有生产技术规程、生产和加工记录档案及产品质量可追溯体系。茶园管理符合《茶叶生产技术规程》（NY/T 5018—2015）的基本要求。

9. 有机茶园有什么特点？

有机茶园是指生产环境未受污染，茶叶生产过程按照有机农业的基本原则和要求，遵循自然规律和生态学原理，协调种植业和养殖业的平衡，采取有利于生态和环境可持续发展的农业生产技术，不使用化学合成的农药、肥料、生长调节剂和基因工程技术及产品，按照国内外有关标准经专业机构认证的茶园。

有机茶园遵循国际有机农业运动联盟（IFOAM）规定的“健康、生态、公平和关爱”四项基本原则。即将土壤、植物、动物、人类和整个地球的健康作为一个不可分割的整体加以维护和强化；茶园生态环境各因子平衡协调，持续得到改善；参与有机茶生产和销售的相关人员有公平享受公共环境和生存机遇的各种权利，不但当代生产者有较高的收益，而且从关爱子孙后代的角度来看，能确保茶产业的持续健康发展。因此，有机茶园基地应远离污染源，如城区、工矿区、交通主干线、生活垃圾场等，没有水土流失和其他环境问题。土壤、空气和水质能达到相关标准，土壤环境质量符合GB 15618 中的二级标准，灌溉水质符合 GB 5084 的规定，环境空气质量符合 GB 3095 中的二级标准。另外，有机茶园周围或与常规种植区应有缓冲带或隔离区，如树林、道路、沟渠、山丘、荒滩或不施用农药化肥等禁用物质的耕地，以防止有机茶生产地块受到污染。

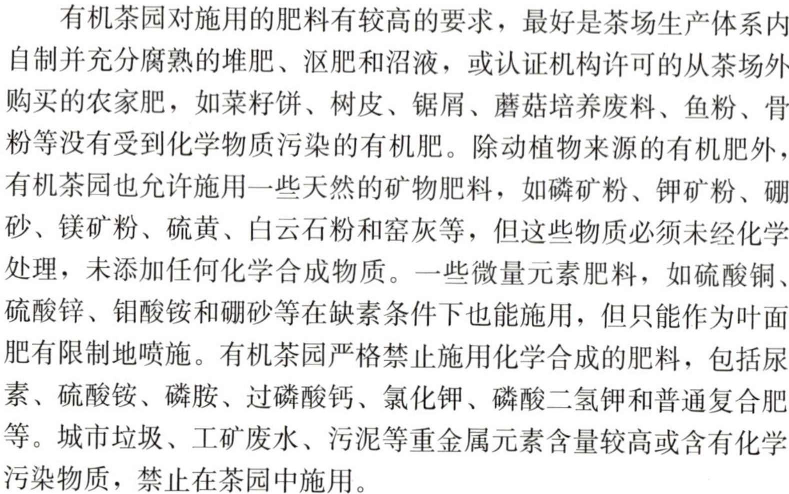

有机茶园对施用的肥料有较高的要求，最好是茶场生产体系内自制并充分腐熟的堆肥、沤肥和沼液，或认证机构许可的从茶场外购买的农家肥，如菜籽饼、树皮、锯屑、蘑菇培养废料、鱼粉、骨粉等没有受到化学物质污染的有机肥。除动植物来源的有机肥外，有机茶园也允许施用一些天然的矿物肥料，如磷矿粉、钾矿粉、硼砂、镁矿粉、硫黄、白云石粉和窑灰等，但这些物质必须未经化学处理，未添加任何化学合成物质。一些微量元素肥料，如硫酸铜、硫酸锌、钼酸铵和硼砂等在缺素条件下也能施用，但只能作为叶面肥有限制地喷施。有机茶园严格禁止施用化学合成的肥料，包括尿素、硫酸铵、磷胺、过磷酸钙、氯化钾、磷酸二氢钾和普通复合肥等。城市垃圾、工矿废水、污泥等重金属元素含量较高或含有化学污染物质，禁止在茶园中施用。

有机茶园禁止使用化学农药。优先采用农业措施，如通过选用抗病抗虫品种、合理采剪、中耕除草、间作套种等一系列措施增强茶树生长势、减少病虫草害。在此基础上，利用灯光、色板诱杀害虫。在农业和物理机械措施无法奏效时，有机茶园允许使用部分植物、动物和矿物源植保产品，如茶尺蠖和茶毛虫核型多角体病毒、白僵菌、苏云金杆菌（Bt），以及印楝素、苦参碱、鱼藤酮、石硫合剂、波尔多液、矿物油等。

10. 什么是低碳茶园？如何建设低碳茶园？

低碳茶园是以茶树为主要物种，以减少大气温室气体排放为目标，根据生态学理论，科学构建和管理茶园及周边生态系统，创造适宜茶树生长发育的生态条件，综合运用一系列固碳减排技术措施，减少茶园碳排放、提高茶园碳汇和适应气候变化能力的茶园。低碳茶园建设是早日实现我国“碳达峰、碳中和”目标的重要内容之一，也是节本增效、促进我国茶产业持续健康发展的必由途径。

低碳茶园建设需要从品种筛选、基础设施建设、植树种草、提高土壤有机质含量、减肥减药和提高茶园的防灾抗灾能力等方面入手。第一，种植的茶树品种应该具有较强的光合作用能力，有较高的光饱和点和较低的光补偿点，有较强的养分利用率，较高的抗病虫和抗逆性，在同样的栽培管理和生态环境条件下，茶树生物产量较高，如中茗7号、乌牛早和迎霜等。第二，加强茶园基础设施建设，特别是沟渠、"竹节沟"、梯坎等水土保持措施。第三，充分利用茶园及其周边生态系统空隙地种植行道树、防护林或遮阴树，田间地头不适合种树的地方种草，以及茶园间作等，减少裸露地块，美化茶园，提高茶园其他植物的固碳能力。第四，提倡土壤免耕、多施有机肥，行间覆盖等，充分提高土壤有机质含量。第五，在茶园管理中，尽量减少投入，特别是化肥和农药的投入。第六，种养结合，优势互补，增强茶园应对极端天气等防灾抗灾和综合生产能力。

总之，低碳茶园要求既充分利用茶园生态系统内茶树和其他植物，提高植物的固碳能力，又要不断提高土壤肥力水平，特别是有机质含量，增强土壤碳汇，同时，通过种养结合、减肥减药，降低 N_2O 等温室气体的排放。

第二章　新茶园建设技术

11. 茶树种植对气候条件有哪些基本要求？

茶树原产于我国西南部湿润多雨的云贵高原，且有高大的林木做伴，在长期的系统发育过程中，逐渐形成了喜温、喜阴、喜湿的特性。

（1）温度。茶树是喜温植物。茶树生育期的长短主要取决于温度的高低。对于多数品种来说，当日平均气温稳定在10℃以上时茶芽开始萌动生长，但早芽种小于10℃，如乌牛早只要5.8℃，龙井43和迎霜在9.0℃左右；迟芽种如政和大白茶和水仙则要14～15℃。茶树生育的年有效积温必须在3 000℃以上，最适积温为6 000～7 000℃。茶树生育一般要求年平均气温在12～28℃，以年平均气温15～23℃最为适宜。茶树生长适宜的日平均气温为15～30℃，15～20℃时新梢生长旺盛，品质也好；20～30℃时生长虽快，但芽叶易衰老；当超过35℃时容易发生旱热害。如杭州市，清明节常年日平均气温在15℃左右，而到了立夏日平均气温一般在20℃以上。所以有“明前茶，贵如金”“茶到立夏一夜粗”等说法，用来描述不同温度条件下茶叶品质的优劣。

茶树能忍耐的绝对最低气温因品种而异，一般灌木型中小叶种可忍耐－18～－12℃，而乔木型大叶种为－5℃。茶树能忍耐的最高温度一般为35～40℃，生存临界温度为45℃。另外，昼夜温差大，新梢生育缓慢，同化产物积累多，持嫩性强，茶叶品质好；而昼夜温差小，茶树积累的养分少，茶叶品质相对较差。

（2）光照。光照对于茶树生育的影响，主要取决于光的强度与性质。茶树的光饱和点在35 000～55 000勒克斯，二茶和三茶时较高，头茶和四茶较低；光补偿点在300～500勒克斯。茶树具有耐阴的特性，但耐阴程度因树龄和品种不同而异。一般大叶种比中小叶种耐阴性强；幼苗期、幼年期比成年期耐阴性强。因此，在阳光强烈的热带地区，茶园中常种植遮阴树来改善环境条件，提高芽叶嫩度和产量。遮阴也有利于提高叶片叶绿素和氨基酸含量，降低茶多酚含量，从而提高绿茶品质。所以，生产蒸青茶或碾茶时，常采用遮阳网覆盖来提高品质。但对红茶生产区，适当的高强度光照和高温条件有利于提高茶多酚类含量，使红茶汤色浓艳、滋味强烈。

光质对茶树生育和茶叶品质也有明显影响。红、黄、绿光促进芽梢伸长，叶面积增大；蓝紫光则抑制芽梢伸长，叶面积减小，比叶重增加。红光照射茶树的光合速率较高，有利于碳水化合物和茶多酚的形成；蓝紫光则促进氨基酸和蛋白质的形成。海拔较高的山区，云雾多，漫射光丰富，蓝紫光比重增加，所以，高山云雾茶氨基酸、叶绿素和含氮芳香物质含量高，茶多酚含量相对较低，茶叶品质好。

（3）雨量和湿度。水是茶树的重要组成部分，茶树体内的一切生命活动离不开水。水分主要来自降水和空气湿度。降水量多少直接影响土壤水分和大气湿度。茶树生育适宜的年降水量最低为800毫米，茶树生长季节的月降水量应在100毫米以上，最适年降水量为1 500～2 500毫米。空气相对湿度以80%～90%为宜；低于60%时，新梢生长受阻，影响茶叶产量和品质；低于50%时，新梢生长受到明显抑制；大于90%时，新梢生长正常，但容易发生病害。

茶树在不同的生育阶段和时期，对水分的要求不同。一般来说，茶树生长旺季，由于嫩芽持续萌发生长，需要更多的水分，如果降水量过少，空气湿度低，则会影响茶树生育，导致茶叶产量低、品质差。我国大部分茶区，年降水量能满足茶树生长的需要，但各月的降水量不平衡，特别是夏秋季，常有“伏旱”和“夹秋

旱”发生，影响夏秋季茶树生长及茶叶产量和品质。因此，在干旱季节，实行茶园喷滴灌，对于提高土壤和大气湿度、降低叶温具有很好的效果，能明显提高茶叶产量和品质。

（4）其他气候因子。除了上述温、光和水等主要气象因子外，风、霜、雪、雾等因子对茶树的生育也有一定的影响。过大的干风降低空气湿度，加速叶面蒸腾和土壤水分蒸发，对茶树生育十分不利。冬季低温，伴随干风，茶树容易受冻。春季晚霜给名优茶生产带来非常严重的经济损失。对大部分茶区来说，雪发生较少，但若雪厚度大，发生冻融交替时，会对茶树树冠造成严重的伤害。雾在山区茶园时常出现，它能增加大气湿度，增加漫射光比例，有利于茶树生育。

12. 茶树种植对土壤有哪些基本要求？

茶树在长期系统的发育过程中，对土壤的要求逐渐形成了喜酸怕碱；喜深、肥、松，怕浅、瘠、硬；喜湿怕涝；嫌钙忌氯等特点。

（1）茶树种植的土壤必须呈酸性。适宜的土壤 pH 为 4.0～6.5，并以 4.5～5.5 最为适宜；当土壤 pH 高于 6.5 时，茶树生长逐渐停滞，以至死亡。如果土壤酸性过强，pH 低于 3.5 时，茶树生育也有不良反应。因此，选择宜茶土壤时，一定要选择酸性土壤，最好事先进行土壤酸碱度测定。

（2）茶树是多年生木本植物，有巨大深广的根系。茶园土壤有效深度至少应达 60 厘米，最好能达到 100 厘米以上，且有效土层内无硬隔层、网纹层和犁底层等障碍层，以利根系生长和通气、透水。土层越深，茶树生长越好，抵抗高温干旱的能力越强。同时，土壤也应相对肥沃，高产优质茶园土壤的有机质和全氮含量应分别大于 2%和 0.1%，碱解氮、有效磷和交换性钾含量分别在 100、20 和 100 毫克/千克以上，交换性镁、有效硫、有效铜和有效锌含量分别超过 50、50、1 和 2 毫克/千克。另外，土壤钙镁比为 5～

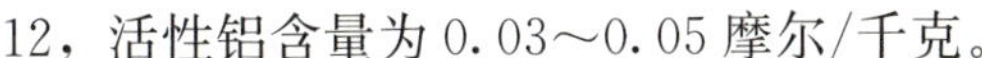

12，活性铝含量为0.03～0.05摩尔/千克。

（3）茶树喜湿怕涝，要求地下水位在1米以下。地下水位高或地面长期积水，根系发育不良，严重的引起烂根，甚至茶树涝死；降水时又会因土壤渗透作用差，易产生地表径流，造成水土流失；地下水位高的茶园往往杂草丛生，影响茶树生长。

（4）茶树是嫌钙植物，不能在活性钙含量较高的石灰性土壤上生长。钙是茶树必需营养元素，不能缺乏，但当土壤中的活性钙含量超过0.05%时，对茶叶品质有不良影响；超过0.2%时，茶树生长不良；超过0.5%时，茶树生育受到严重影响。土壤中活性钙含量与pH密切相关，pH越高，活性钙的含量越高。

（5）茶树对氯离子也较为敏感，特别是幼龄茶树，当大量施用含氯量较高的肥料如氯化铵、氯化钾时，会影响其生长，严重时导致落叶，甚至死亡；但成龄茶树对氯离子的忍耐能力较强，施用适量的氯化钾一般不会发生氯害。

（6）茶园土壤要求质地疏松，以壤土为好，特别是沙质壤土最好，过沙或过黏均不利于茶树的生长发育和茶叶品质的提高。沙质壤土因结构良好，固、液、气三相比例协调，通气、蓄水、保肥、保温效果好，根系发育好，有利于茶氨酸的合成，茶叶香气和滋味也特别好，是优质高产茶园的理想土壤。沙土通气虽好，但蓄水能力差，容易干旱，保肥、保温也较差；黏土通气透水性能差，肥效也迟缓，茶叶产量和品质均不如沙质壤土。所以，一般石英砂岩、花岗岩、板页岩、凝灰岩、片麻岩和千枚岩风化形成的沙砾土，根系生长好，昼夜温差大，茶叶氨基酸含量高、香气好、滋味浓醇。而第四纪红土、含钙质较多的石灰岩和玄武岩等形成的土壤黏性大，茶树生长良好，但品质相对较差；水稻田改建的茶园，茶叶品质也不如丘陵缓坡茶园。

13. 茶树种植对地形地貌有哪些基本要求？

地形地貌的变化影响茶园微域气候和土壤条件，进而影响茶树

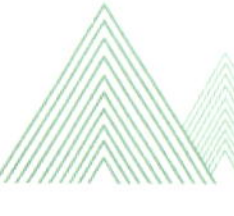

生长发育、茶叶产量和品质。因此，茶树种植对地形地貌的要求主要是考察其对气候和土壤的影响是否有利于茶树生育。

（1）海拔高度。随着海拔的升高，气温降低，降水增加，漫射光增多，昼夜温差和湿度增大，有利于提高茶叶香气和滋味，故有“高山出好茶”之说。但当海拔超过一定高度后，温度、湿度和降水量开始下降，会明显影响茶树生长发育及茶叶产量。所以，海拔并不是越高越好。从产量和品质均衡考虑，在长江中下游地区，海拔以不超过 800 米，300～600 米为宜。纬度较低的南方茶区，海拔可适当提高，但也要求在 1 800 米以下，以 800～1 200 米的茶叶产量和品质较平衡。

（2）地面坡度和坡向。坡度的大小直接影响水土流失，这是茶园能否实现高产稳产和可持续发展最重要的条件。为了减少水土流失，对于新建茶园，坡度禁止超过 25°；对于已建坡度超过 25°的茶园，也宜退耕还林；坡度 15°～25°的陡坡茶园最好建立等高梯级园地。坡向对茶园小气候的影响也是十分明显的，南坡接受的阳光比平地和其他坡向多，温度高，春天茶叶萌发早；北坡接受的阳光最少，易受冷空气的侵袭；东坡和西坡介于南坡和北坡之间。所以，名优茶基地以背风向阳的南坡或平地为宜。

（3）特殊地形地貌。孤山独峰，四面无屏障，气温较低，冬季易受寒风袭击，而一些山涧峡谷或低洼地易受冷空气形成的霜冻危害，特别是倒春寒的危害，均不宜种茶。西北风风口，如山岭顶部的凹口，容易受到冬季寒风的袭击，也不宜种茶。河流湖泊附近的茶园，由于水热容量大，水汽充足，对于稳定周边茶园气温、增加空气湿度、延长无霜期等有明显的作用，有利于提高茶叶品质。

另外，园地选择时，还应考虑生产基地周边生态环境优良，自然植被丰富，附近及上风口（或河流的上游）没有污染源等；茶园与农田、主要公路间应有一定距离的隔离带，如山、河流、湖泊、自然植被或人工营造的乔木林带；茶园附近有水源，容易修建水利设施，交通方便，劳动力较充足等，以满足茶叶优质、高产和高效生产的各项条件。

14 茶园土地如何合理规划？

茶园规划应有利于保护和改善茶区生态环境、维护茶园生态平衡，发挥茶树良种的优良种性，便于茶园灌溉和机械作业，充分利用当地的自然土地资源，创造出最好的社会、生态和经济效益。

茶园规划应考虑下列基本原则。第一，选择种植茶树的区块，其土壤和气候条件一定要满足茶树生长发育的需求，切不可因片面强调如区块整齐一致等将不适合种茶的地块规划成茶园。第二，以水土保持为中心，建立道路和排、蓄、灌水利系统。如坡度超过25°的陡坡地，应规划为自然植被或林地，坡度在15°～25°的茶园应建立等高梯级园地；坡地茶园上方与荒山之间应建立隔离沟，以防止园外雨水冲入茶园造成水土流失，坡地茶园内部应加强“竹节沟”建设，保持园内水土。第三，以植树造林为重点，加强茶园生态建设。生态茶园建设是茶园“绿水青山”的保障，也是实现“金山银山”的必由之路。植树造林既能改善茶园小气候，减轻或防止灾害性天气对茶树造成的伤害，又可增加茶园生物多样性，降低病虫危害。第四，有利于茶园管理和机械化作业。随着劳动力日益紧缺，成本不断提高，茶园管理机械化是提高劳动生产率、降低劳动强度和茶叶生产成本的必由之路。在茶园规划时，尽可能考虑茶园机采、机剪、机耕和机灌的要求，力争实现茶园耕作、施肥、采、剪、灌溉等管理机械化。

茶园规划要全面。首先，根据茶场规模，选择交通方便，地势平坦，靠近水源，有发展潜力，最好是茶场中心附近建立场部及茶厂。其次，根据茶园地形地貌，将全场划分为若干个作业区以便管理。最后，对于规模较大的茶场，应以茶为主，合理安排好茶与其他农、林、牧业之间的关系。集中成片适宜种茶的土地，划为种茶区；坡度超过25°的陡坡，划为林地；土壤瘠薄的零星地块，可考虑种植多年生绿肥，为茶园提供有机肥；有条件的实施种养结合，如茶园养羊、养鸡等。另外，在有灾害性干寒风和大风侵袭的江北及沿海茶区，应设置防护林带；华南太阳辐射较强的茶区还应在茶园内种植遮阴树。

茶园区块的划分，主要目的是为了便于生产和管理。面积较大的茶场需设立分场，中型茶场要划分为区、片和块，小型茶场只划分片和块。分场是相对独立的单位，常常配备有茶厂。区是根据地形地势，如山脊、防护林、沟等作为分界线划分的管理单元。片是在区内进一步划分，以便于茶园管理和茶行的划分，如独立的山头可以为一片，也可以划成东片和西片等。块是茶园作业的最小单元，为方便管理，如肥药和茶叶进出茶园，每块茶园面积以 0.3～1.0 公顷，茶行宽度以 20～50 行，茶行长以 20～60 米为宜。茶园区块的划分除了利用自然地形外，常常通过道路和排蓄水沟渠来完成。因此，道路和排蓄水系统的设置也是茶园规划的重要内容，这方面详见下一问答。

15. 茶园道路和水利系统如何设置？

茶园道路网的设置既要便于人员和车辆通行，又要有利于水土保持且少占耕地。茶园主要道路网应在土壤开垦之前完成规划。道路网包括主道、支道、园道、地头道和环园道等。一个大中型茶场的道路网，应以茶场总部为中心，从总部到各区、片、块的茶园都要有道路相通。规模较小的茶场只要设置支道、园道、地头道和环园道就可以。

主道是茶场的交通要道，应和场外公路相通，并贯穿整个茶场。主道的宽度一般为 6～8 米，可供两辆汽车来往行驶。主道两侧应开设排水沟，栽种行道树。支道与主道相互交接，贯穿整个茶园，是茶园内运输、耕作、采摘等机具运行的道路，宽度一般为 4～5 米，坡度小于 8°，转弯处的曲率半径不小于 10 米，可供一辆卡车或拖拉机单独通行。园道是支道通向各块茶园的道路，便于操作人员进出，宽度一般为 2～3 米，坡度小于 15°。园道的长度与茶行或梯地长度一致，相邻园道之间的距离以 50～80 米为宜。地头道设在每块茶园的两端，以利耕作机械调头，路面宽度视机具而定，一般宽 2～3 米。环园道设在茶园四周的边缘，作为茶园与周围农田、山林及其他种植区的分界线，以防止水土流失及园外的树根、竹根等侵入茶园。环园道与主道、支道和园道相结合，故路面宽度不完全一致。

在缓坡丘陵茶园，主道与支道尽可能设置在分水岭上，如丘陵岗上起伏不平，也可设在坡脚。园道横坡路可设在等高线上，顺坡路应选择坡度较缓处，迂回盘绕向上修筑，以利水土保持和交通方便。

茶园水利系统包括茶园排水、蓄水和灌溉系统。水利系统的设置既要防止水土流失，又要有利于蓄水和灌溉抗旱，做到多雨能蓄，涝时能排，旱时能灌。排蓄水系统和灌溉系统应同步设计。

茶园排蓄水系统一般由隔离沟、纵沟、横沟和蓄水池等组成。隔离沟设在茶园上方与荒山陡坡或林地交界处，其作用是隔绝山坡上的雨水径流，使之不能进入茶园，冲刷土壤。隔离沟深宽度各为 70～100 厘米，横向设置，两端与天然沟渠相连，或开设人工堰沟，把水排入蓄水池内。纵沟顺坡设置，用以排出茶园内多余的地面水，应尽量利用原有的山溪沟渠，不足时可再修一些，并与蓄水池相通。沟的深宽度视水量多少灵活掌握，通常沟面宽 70～80 厘米，沟底宽 30～40 厘米，深 40 厘米左右。在纵沟中每隔 2～3 米挖一个沉沙坑，以便沉沙走水，保持水土。横沟或“竹节沟”在茶园地内与茶行平行设置，其作用是积蓄雨水浸润土地，并将多余的水排入纵沟。坡地茶园每隔 10 行开一条横沟，梯地茶园在每台梯地的内侧开一条横沟，沟深 20 厘米，宽 30 厘米左右。蓄水池供茶园施肥、喷药和灌溉用，一般每公顷茶园设一个蓄水池，水池与排水沟相连接，进水口挖一个积沙坑，以减少池内泥沙淤积。

茶园灌溉系统主要有流灌、喷灌、滴灌和雾灌等。流灌是用抽水泵或其他方式将水通过沟渠引入茶园地面进行自流灌溉的一种方法，这种方式不但需水量大，而且容易导致水土流失，不建议采

用。喷灌和雾灌是使用专用设备将水压入管道，通过喷头向茶园均匀喷洒的一种灌溉方式。喷灌的水滴较大，喷洒距离较远；而雾灌的水滴较小、呈雾状，喷洒距离较近。滴灌是利用塑料管道将水通过直径约 10 毫米毛管上的孔口或滴头送到茶树根部进行局部灌溉的方式，不仅省水、省工，灌溉均匀，还可水肥一体化，从而可为茶树水肥供应创造良好的条件。

16. 机械化茶园有哪些基本要求？

随着劳动力日益紧缺和劳动力成本的不断提高，茶园管理机械化是必然的选择。因此，新建茶园必须满足机械的行驶、调头和作业。茶园机械主要有耕作机、施肥机、修剪机和采摘机等，小型机械调头和作业均较方便，只要茶园种植规范，可不予考虑。使用中大型机械，如乘坐式采茶机、耕作机、施肥机和修剪机等的茶园则必须满足下列基本要求。

（1）茶园相对集中连片，地形地貌简单。机械化茶园要求交通方便，茶园基本连成一片，坡度在 15°以下；茶园内没有大的石块，土壤深厚；茶园地形不过于复杂，地面平整，起伏较小。

（2）茶园道路必须满足大中型茶园管理机械的行驶和调头。道路宽度要求 4～5 米，坡度小于 8°，转弯处的曲率半径不小于 10 米。在每块茶园的两端设置地头道或操作道，与主道或支道相通，以利机械调头并进入茶园，路面有效宽度一般为 2 米。道路与茶园交叉处的水沟应做成暗沟，以利机械通行。

（3）茶园设置规范。茶园以长方形为宜，茶行的长度为 30～50 米。单行条栽，行距 1.5～1.6 米。茶行要直，不能有插行。茶园之间可供机械行驶和调头的距离至少有 2 米。

（4）机械化茶园不宜在茶园内种植遮阴树，而以行道树为宜。行道树与茶行平行。如果要在茶行的两端种植行道树，则行道树必须与茶行对齐，并相应加宽茶园之间的操作道。

17. 茶园土壤如何开垦？

园地开垦是为了清除其中的障碍物，调整地形，深翻熟化土壤，为茶树优质高产创造良好的条件。园地开垦前，须先清除地面障碍物，将乱石、树木和坟墓等清出园外，但主道、沟渠两旁及防护林带地段和不宜植茶地块上的树木应保留。园地开垦时容易引起水土流失，因此茶园开垦应以水土保持为中心，根据不同坡度和地形，选择适宜的时期、方法和施工要求。

（1）平地及缓坡茶园开垦。对于平地和坡度小于15°的缓坡茶园，开垦分初垦和复垦。初垦全年均可进行，但应避开暴雨季节。初垦采用挖掘机操作，深度在60厘米以上，耕后的土块不必打碎，以利于蓄水和熟化。地面上的杂草可深埋，但再生能力很强的竹根、金刚刺、茅草和狼萁根等必须彻底清除出园。复耕的深度稍浅，一般为20～30厘米，打碎土块，进一步清除杂草，平整地面。坡地茶园开垦时要沿等高线横向开垦，以保持水土和使坡面相对一致。

（2）陡坡梯级茶园开垦。坡度在15°～25°的陡坡地必须建立水平梯级茶园。开垦前先在园地上方与林地交界处修筑隔离沟，以防止园外雨水冲刷茶园。开垦最好不要在夏季暴雨较多的时段进行。先沿等高线由下而上逐层修筑梯级，梯级做好后，对于填土小于60厘米的地段应用挖掘机深翻60厘米以上，为保护梯坎，距梯壁60厘米以内的位置不必深翻。

（3）换种改植茶园开垦。换种改植茶园常常存在土壤障碍因子，如土层浅薄，土壤酸化严重、养分不平衡、有害微生物增加，以及由于茶园中耕，致使土壤微粒下沉，导致地表以下30～60厘米的土层沉积成不透水的硬盘层，土壤理化性状恶化等。因此，换种改植茶园开垦时应先将老茶树连根拔出，清理出园，并全面深翻。酸化严重的土壤应采用白云石粉调节pH；有病原微生物的土壤还应进行消毒，然后种植2～3季绿肥，以进一步减少病原微生物和培肥土壤。

18. 陡坡茶园如何建立等高梯级园地?

对于坡度在15°～25°的陡坡地块必须建立水平梯级茶园。这种台阶式茶园，能有效拦截地面径流，防止冲刷，起到保水、保土、保肥的效果。修筑前应先在园地上方与林地交界处修筑一条隔离沟，以防止园外雨水冲入茶园。隔离沟深宽各为70～100厘米，横向设置，两端与天然沟渠相连，或开人工堰沟，把水排入蓄水池内。修筑梯级的方法为按等高线由下而上逐层修筑。梯壁材料以石块为好，也可以是土块，梯壁高度以不超过1.5米为宜，如梯壁为泥坎，则应有一定的倾斜度。梯面保持水平或稍向内侧倾斜，也可以外低内高，有一定的倾斜度，这样可以减少梯级，并加宽梯面。梯面宽度应尽量修宽，至少应在2.5米以上，以利田间管理和机械操作。总之，修筑梯级茶园的要求是梯层等高，环山水平；大弯随势，小弯取直；心土筑埂，表土回沟；外高内低，外埂内沟；梯梯接路，沟沟相通。

19. 茶树种植前如何挖沟施底肥?

底肥是高标准茶园优质、高产、稳产和可持续发展的保证。茶树种植后，肥料很难施到底层土壤，因此，对于没有施底肥的茶园土壤，常常表现为表土肥力水平较高，而底土相对贫瘠。底肥则能改良底层土壤的理化和生物性状，诱导茶树根系向纵深发展。

茶园土壤深翻平整后，按茶树种植规格确定茶行的位置，然后在每条种植行用石灰画线，以线为中心用小挖掘机挖深和宽各为40厘米的底肥沟，如果人工挖掘，底肥沟的深宽度各为30厘米。使用小挖掘机时，最好是一边挖沟一边施肥覆土，否则疏松的表土容易滑落，导致底肥沟变浅，这也是机械挖掘时需适当加深的原因。

底肥以有机肥为主，配施磷肥。有机肥以纤维素含量较高的农家有机肥，特别是厩肥和堆肥等改土效果较好，目前这种肥料较少，可以选择猪粪和鸡粪等经发酵加工的商品有机肥。由于我国新垦红黄壤磷素营养严重不足，加之磷的移动性较差和不易淋溶损失等特点，在底肥中深施磷肥可以显著提高土壤的供磷能力。考虑到茶园土壤呈酸性，磷肥的品种以缓效性的钙镁磷肥和磷矿粉为宜。底肥的数量一般要求每亩农家肥 10 吨或商品有机肥 2 吨，另加磷矿粉或钙镁磷肥 100～200 千克。

20. 如何选择和配置茶树品种？

新茶园或换种改植茶园，茶树品种的选择与搭配应遵从下列原则。

（1）适制当地茶类。不同品种的生理生化特性、外部形态特征等有明显的差异，加工成不同类型的茶叶品质有一定的差异。因此选择的品种必须符合当地茶类的要求。生产扁形名优绿茶，应选择芽叶茸毛少，节间稍长的良种，如龙井 43、中茶 108 和乌牛早等；生产毛峰类名优绿茶，则选择芽叶茸毛多、色泽绿的品种，如白毫早、福鼎大毫和中茶 302 等；生产碾茶和蒸青茶应选择叶绿素含量高的品种，如薮北种和翠峰等。生产名优绿茶还应考虑品种发芽早、氨基酸含量高和酚氨比稍低等特点。生产乌龙茶的茶区宜选择金观音、铁观音、毛蟹和水仙等品种。生产红茶的茶区应选择茶多酚含量高的云南大叶种、英红 1 号等乔木型良种；中小叶种开发红茶以乌龙茶品种为宜，不但汤色红，而且香气高。

（2）适应当地环境条件。良种特性的发挥与当地环境条件、肥培管理水平、种植和采摘方式等密切相关。纬度较高或高山茶区应选择抗寒性较强的品种，倒春寒频繁发生的地方不宜选择特早生良种。土壤贫瘠、施肥水平较低的茶园宜种植养分利用率较高的品种，如福鼎大白茶、迎霜和乌牛早等；龙井 43 只有种植在土壤深厚、肥水管理水平较高的地方，才能发挥其良种特性。

（3）选择无性系良种。与种子繁殖相比，无性系良种个体间性状整齐一致，变异小，能较好地保持母体的良种特性，产量高、品质好。由于发芽整齐、芽叶成熟度一致，单位面积内可采的芽叶数量多，采摘工效高，不但有利于茶园管理和机械化作业，如机采，而且由于鲜叶原料均匀一致，也有利于保持和提高茶叶的加工品质。因此，在选择生产性良种时，无性系良种是不二选择。

（4）不同品种特性的良种合理搭配。不同品种由于生育特性的差异，春茶的萌发开采期有明显的差异，甚至可相差 1 个月以上。根据茶类生产和工厂设备规模合理配置早、中、晚生品种，既可错开春茶开采期，多采高档名优茶，提高单位面积茶园的经济效益，又可缓解春茶洪峰，充分利用现有生产设备，化解劳动力紧张的矛盾。早、中、晚生品种合理搭配对于“倒春寒”多发茶区也是十分重要的。对于多数具有一定面积的茶场来说，特早生品种一般占50%，早生和中生品种占 40%，晚生品种占 10%左右。不同品种搭配还可增加茶园生物多样性，降低病虫害和气象灾害，充分提高茶叶经济效益。

21. 适合机采的茶树品种有哪些特点？

随着劳动力日益紧缺以及人工成本的不断提高，机采代替手采是必然的发展趋势。如何发展机采茶园，如何选择适合机采的无性系良种，是新茶园或换种改植茶园建设必须考虑的。机采主要有两种，一种是“选择式”的机器人机采，另一种是“一切式”的切割型采茶机机采。考虑到采茶机器人还在研制过程中，其对茶树品种的要求还不太清楚，这里主要介绍切割型采茶机机采对茶树品种的要求。

（1）发芽整齐。这是机采的基础。只有发芽整齐，机采时的成熟度才会表现一致，采摘下来的鲜叶均匀，大小和嫩度一致，不仅鲜叶品质好，还有利于后续加工。因此，要达到这一要求，机采品种必须在无性系良种中选择。

（2）发芽密度大。新梢密度大的品种，树冠面“生产枝”的密度也较大，树体结构紧密，不但采摘效率高，而且机采时树冠对采茶机的抗压性强，采摘新梢的质量好。

（3）新梢粗壮、生长旺盛。茶树经过长期机采，容易导致蓬面上的生长枝细弱，虽然新梢密度较大，但长出的新梢瘦弱，持嫩性差，茶叶品质低下。因此，选择新梢粗壮直立、生长势旺盛、持嫩性强的品种可以在一定程度上克服多次机采对茶树的伤害，提高茶树机采的耐采性能。

（4）新梢直立、成熟叶呈披张状。如果茶树成熟叶片呈直立状，机采时不但容易将成熟叶片剪破，影响该叶片的光合作用性能，而且带入鲜叶中的成叶严重影响干茶的质量。所以，机采品种要求新梢呈直立状，但成熟叶呈披张或水平状，以利机采。

22. 茶树种植密度如何确定？

种植密度是指茶园中茶树的行距和丛距以及每丛的苗数。种植密度的大小不但影响茶树个体与群体发育的关系，单位面积茶叶产量及其可持续性，而且关系到茶园机械化作业等。茶树种植密度的确定，主要与品种类型、地形条件、土壤肥力及今后的管理水平等有关。

不同类型的茶树品种，由于分枝习性和树姿、树势的差异，种植密度有所不同。对于灌木型和小乔木型茶树，适宜于单行条栽或双行条栽，单行条栽行距 1.5 米，丛距 0.33 米，每丛 2～3 株；双行条栽大行距 1.2～1.4 米，小行距和丛距均为 0.3～0.4 米，每丛 1～2 株。对于乔木型大茶树来说，一般采用单行、单株种植，行距 1.5～1.8 米，株距 0.4 米。

对于平地和缓坡，土壤条件相对较好，可按照上述不同类型茶树种植规格适当稀植；但对于陡坡茶园，可适当密植，并采用单行条栽，如采用双行条栽，靠山坡下方的一行因无法施肥生长较差。单行条栽的行距可减小至 1.2～1.4 米，但对于将来有可能机械耕

作或施肥的茶园，行距应在 1.4 米以上。

土壤肥力或管理水平较高的茶园，可适当稀植或每丛减少种植株数，如每丛只种 1～2 株质量较好的茶苗；而对于土壤贫瘠或管理水平较低的茶园，应适当密植或增加每丛的株数，但以 3 株为限。

对于 20 世纪 80 年代推广较多的三条栽速成密植茶园，因茶树种植密度过大，茶园内通风透光差，个体发育不良，又加上施肥困难，病虫危害较严重，茶树容易衰败，也不利于茶园机械化作业，属淘汰之列。

23. 如何挑选茶苗？

在确定茶树品种的基础上，挑选质量上乘的茶苗对于提高成活率、促进幼龄茶园快速成园具有十分重要的作用。合格、优质茶苗的挑选主要从品种纯度、苗木年龄、高度、粗度和分枝数以及是否有传染性病虫害等方面考虑。

（1）该无性系品种茶苗的纯度应达到 100%。

（2）茶苗的苗龄为 1 足龄，即从穗条扦插到出圃在 1 年左右，如去年 8 月扦插到今年 11 月或明年 2 月前出圃的茶苗。在苗圃的时间，大叶种茶苗可稍短，中小叶种最好超过 1 年。苗龄过长或过短均影响茶苗成活率。苗龄过长，超过 2 年的茶苗，由于根系较为发达，在起苗时往往伤根较多，影响移栽成活率，另外，茶苗的地上部也较为高大，很难确定合适的定型修剪高度。但如苗龄过短，不足 1 年的茶苗，虽然移栽时伤根较少，但由于地上部矮小，移栽后成园的时间相对较长，不容易管理，在苗圃统一管理更为方便。

（3）茶苗的高度、茎粗和侧根数须达到国家标准二级苗的质量指标要求。对于 1 足龄扦插苗尽量选用大苗，大叶种苗高 25 厘米以上，离地 10 厘米处的主茎直径超过 2.5 毫米，在插穗基部愈伤组织处分化出的、根径达 1.5 毫米以上的侧根数大于等于 2 根；中小叶种茶苗的苗高、茎粗和侧根数分别为 20 厘米、2.0 毫米和 2 根以上。如果茶苗有1～2个分枝则更好。另外，茶苗没有检疫性、危险性病虫害，如根结线虫、茶根蚧、茶饼病、茶苗白绢病等。

24 茶苗移栽应注意哪些技术要点？

茶苗移栽质量的高低不但直接影响移栽茶苗的成活率，而且对后续茶苗的生长发育及成园迟早有十分重要的影响。茶苗移栽时应掌握适时移栽、起苗少伤根、合适的种植深度、浇足定根水和做好第一次定型修剪等技术环节。

（1）适时移栽。移栽应选择茶苗地上部的休眠期，此时茶苗蒸腾作用较弱，移栽成活率高。移栽还应避免在干旱和严寒时进行。我国江南和西南茶区，茶苗移栽的适宜时间是秋末冬初或早春2—3月。秋末冬初，茶苗地上部处于休眠状态，但根系仍能生长，茶苗越冬后，根系机能恢复快，有利于长出新根和地上部的生长。但冬季有干旱和严重冰冻的江北地区，早春移栽更好。云南和海南等四季不分明的省份，应选择在雨季进行，云南以6月初至7月中旬，海南以7—9月移栽较易成活。

（2）起苗多带土、少伤根。移栽茶苗根系的好坏是决定茶苗成活率的关键。起苗前一天苗圃应浇足水，保证土壤湿润，这样翌日起苗土壤疏松，伤根少；茶苗尽量多带土。起苗后立即运输，并避免挤压和阳光暴晒，茶苗要求在2～3天内完成种植。

（3）种植深度适宜。施底肥的茶园，在确保底肥较深的情况下，茶苗可直接种在底肥沟的上方。先用大锄头挖一条深10厘米左右的种植沟，然后一手扶苗，一手用小锄头覆土至超过茶苗的泥门，再用手轻提茶苗，使根系舒展和茶苗泥门接近表土，切忌茶苗种植过深。

（4）压实根际土壤，浇足定根水。茶苗移栽当天，用双脚在茶苗两侧压实土壤，然后浇足定根水，这样可以使根系与土壤充分接触。

（5）第一次定型修剪。茶苗移栽后当日或翌日，对于高度超过30厘米的茶苗，离地15～20厘米进行第一次定型修剪。修剪时只

剪主枝，不剪侧株，同时不要把叶片剪破。对于高度 20 厘米左右的茶苗则进行打顶，在茶园生长一年后再进行第一次定型修剪。

25. 茶园水土保持有哪些技术措施？

水土保持是生态茶园建设最重要的内容。水土流失不仅使肥沃的表土层变薄，土壤结构变差，影响茶树的生长发育、茶叶产量和品质，甚至威胁整个茶园生态系统。水土保持需要从工程技术、植被和土壤等方面进行综合考虑。在工程技术方面，建立隔离沟、等高梯级园地、“竹节沟”和排水沟等；在植被方面，扩大茶树树冠覆盖度，营造防护林，种草和铺草以减少茶园土壤裸露面积；在土壤方面，通过增加有机质，改良土壤结构，增强土壤蓄水及渗透能力，增强土壤抗蚀性能。

（1）茶园合理选址、科学规划。坡度大于 25°的陡坡山地禁止新建茶园或进行改植换种，土层浅薄或有积水的地方也不宜发展茶园。坡地茶园上方与山林相接的地方建立隔离沟，以免山上雨水冲刷茶园。坡度 15°～25°的茶园，建立等高梯级园地；坡度 5°～15°的缓坡地沿等高线种植茶树，茶树行间修筑“竹节沟”。茶树以条栽方式种植，丛距以 33 厘米为宜，不大于 40 厘米，行距以 1.3～1.5 米为宜。

（2）提高茶园覆盖度。茶园覆盖度应在 80％～90％。裸露面积越大，土壤侵蚀越明显。因此，茶树种植前应尽量减少土壤裸露的时间，如土地平整好后，可种植绿肥作物；种植后精心管理，促进茶树快速生长；有缺丛断行发生时及时补苗；提倡免耕，茶树行间杂草不求除尽，只要长得不是太高或离茶树太近就没关系；尽量不要台刈，保持茶树有较高的覆盖度。

（3）植树种草和铺草。这也是提高茶园覆盖度、减少裸露面积的重要技术措施。茶园内应有一定比例的高大乔木，如行道树和遮阴树；茶园行间较宽时，如幼龄茶园应铺草和间作绿肥；茶园四周、地边、坎头或不适合种茶的地方应种树种草，或保留原有植

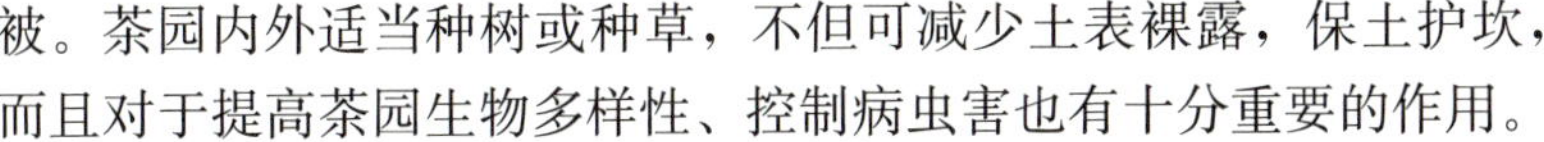

被。茶园内外适当种树或种草，不但可减少土表裸露，保土护坎，而且对于提高茶园生物多样性、控制病虫害也有十分重要的作用。

（4）多施有机肥，改善土壤结构。施有机肥可以提高土壤有机质含量，促进土壤团粒结构的形成，从而增强土壤蓄水及渗透能力，增强土壤抗蚀性能。

26. 坡地茶园“竹节沟”如何设置与建设？

“竹节沟”是对于没有建立等高梯级园地的坡地茶园，沿等高线或以1/120的梯度建立的横向排水沟。“竹节沟”对于涵养水源、保护水土具有十分重要的作用。这项技术措施在斯里兰卡茶园十分普遍，但在我国却不多见，应大力推广应用。

“竹节沟”构筑于沿等高线种植的茶树行间内，由沉泥坑和竹节坝依次相连而成，沉泥坑深45厘米、宽60厘米、长100厘米；竹节坝长约50厘米，比茶园地面低15厘米（即坝高30厘米），从沟内挖出的土壤堆于沟的下沿，并将其修筑成一条挡水的小堤坝。坡地茶园的雨水进入沟内后会在沉泥坑中停留再缓慢流入下一个沉泥坑。“竹节沟”的一端与园内纵向的主排水沟相连，当“竹节沟”内的水充满后溢出自动进入主排水沟。“竹节沟”的间隔距离依茶园坡度而定，一般在6～15米，即每隔4～10行茶树建一条“竹节沟”，坡度大时多建，坡度小时增大间距。沉泥坑内的泥沙应定期清理，放回茶园内，以便保持坑内有足够的深度，充分发挥沉泥坑蓄水沉泥的效果。

“竹节沟”可以在茶树种植后修筑。如果在种植前设计，则修筑“竹节沟”的茶行可适当加宽20厘米，并有一定的比降，以1/120为宜，这样茶园管理更为方便。

27. 幼龄茶园如何防治杂草？

幼龄茶园由于茶苗矮小，行间空隙大，土壤裸露，阳光充足，

杂草繁多是必然现象。幼龄茶园杂草防治合理与否，不但关系到茶树生长发育的快慢，而且直接影响茶树成活率的高低。可以说，杂草防治是幼龄茶园管理最重要的环节，必须做好下列技术要点。

（1）禁止使用除草剂。不管什么原因，幼龄茶园严禁使用除草剂！使用除草剂后，即使茶苗不死，也会对其生长发育造成严重影响，从而推迟成园。

（2）行间铺草。茶树行间铺草是减少杂草生长的有效办法。茶苗种植后，在茶行两侧、小行距内和茶丛间铺草，厚度要求在10厘米以上。这既可抑制杂草滋生，又能减少水分蒸发，增加雨水渗透性，涵养水分。另外，铺草还有调节土壤温度的作用，夏季降温抗旱，冬季增温防冻。

（3）铺防草布或地膜。对于没有草料来源的茶园，地表铺设防草布或地膜也是防治杂草行之有效的办法。防草布的效果较好，但成本较高。对于土壤疏松，土表没有碎石的茶园，铺地膜也是经济有效的办法。即在茶苗两侧铺上地膜，行间留40～50厘米种植绿肥。地膜不能将茶园行间全部铺满，否则雨水沿地膜表面流失，无法进入茶园土壤，容易导致干旱。地膜铺设前，土壤必须充分湿润，以防止干旱影响茶苗生长。地膜铺好后在其四周和上方压一些泥土，以防止大风揭膜撕裂。防草布可移地再用；地膜只能使用一年，破损后应及时收集处理，切勿遗留在茶园内。

（4）人工除草。对于那些既没铺草，又没铺防草布或地膜的茶园来说，只能采用人工除草。长江中下游茶区一年至少3～4次，4月下旬至5月初、6月中旬至7月初、8月下旬至9月初和10月下旬各1次。主要根据茶园杂草生长情况，按照“除早、除小、除了”的原则，及时清除茶园杂草。人工除草应特别注意两点：一是茶苗附近的杂草需手工拔除，要求一手扶苗一手拔草，防止茶根松动；二是7—8月的高温干旱季节禁止拔草，此时杂草生长快，茶苗在草丛中也没关系，因为此时拔草容易将茶苗拔松，导致茶苗死亡，杂草清除后茶苗暴露在高温烈日下对其生长发育也不利。所以，一般在6月初至7月初的梅雨季节结束前尽可能将杂草除净，

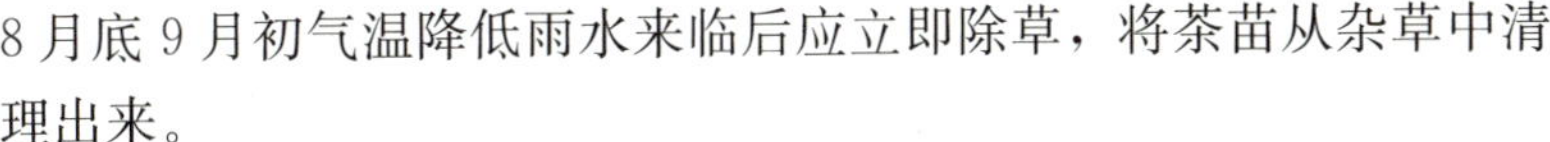

8月底9月初气温降低雨水来临后应立即除草，将茶苗从杂草中清理出来。

（5）机械除草。茶行中间离茶苗有一定距离的区域，或茶园田间地头，除了用锄头外，也可用割草机或割灌机清理杂草，这样可明显降低人工成本。

28. 幼龄茶园如何施肥？

幼龄茶园适时科学施肥，对于茶苗健壮生长，抵抗高温干旱和低温严寒等不良气候，促进快速成园均具有十分重要的作用。幼龄茶园施肥应注意下列事项。

（1）忌施含氯和缩二脲的肥料。茶树是典型的忌氯作物，成龄茶园对氯的忍耐能力较强，但幼龄茶苗对氯离子十分敏感，使用含氯肥料，轻则影响茶树生长发育，重则导致落叶，甚至茶苗死亡；缩二脲则有烧苗烧根现象。因此，幼龄茶园忌用氯化铵、氯化钾等含氯肥料；可使用不含缩二脲的尿素和硫酸钾型复合肥。查看尿素或复合肥是否含有缩二脲，可在包装袋的背面查找，看看是否有“本品含有缩二脲”等字样，如有则不能在幼龄茶园施用。

（2）适时少量施肥。新种茶苗成活开始生长后，如新梢开始生长，即可施肥，以稀薄人粪尿或沼液为好，每隔0.5～1个月浇施一次；也可施用化肥，如硫酸钾型复合肥或尿素，于下雨前后，土壤湿润时在茶苗四周均匀撒施，每亩3～5千克，每年3～4次。切忌用量过大或太靠近根系。随着茶苗的长大，施肥量可逐渐增加，但每亩用量控制在10千克左右。对于铺设地膜的茶园，可用削尖前端的竹筒在距茶苗10～15厘米处刺破地膜，通过竹筒向地膜下的土壤中施几粒尿素或复合肥。

29. 幼龄茶园间作的绿肥品种有哪些？如何种植？

幼龄茶园行间空地多，适合间作绿肥。间作绿肥不但能抑制杂草生长，拦截雨水径流，保土蓄水，而且能提高土壤肥力水平，改善茶园小气候，促进茶树生长发育。另外，间作的绿肥还能带来一定的经济收入。但是，不合理间作也会与茶树争光、争水、争肥，影响茶树生长，甚至引起或加重病虫危害。因此，茶园间作选择合适的绿肥品种、适时播种、合理密植、科学管理，对于发挥间作的作用十分重要。

（1）绿肥品种的选择。茶树是喜氮作物，幼龄茶园适宜种植的绿肥品种首选豆科绿肥，如茶肥 1 号、大豆、印尼绿豆、猪屎豆、田菁、苕子、箭筈豌豆、伏花生、紫云英、黄花苜蓿和肥田萝卜等，豆科绿肥有根瘤菌固氮，能提高土壤含氮量。其次是选择生长快、生物产量高的品种，如黑麦草、日本龙爪稷、高丹草、甜象草等。藤本和高秆的品种，如番薯、南瓜、玉米等品种则不宜在茶园中间作，因为茶苗容易受到覆盖，导致阳光不足，影响茶苗的生长。

（2）适时播种、合理密植。茶园绿肥可以种两季，即春季和冬季绿肥，应根据各品种播种季节适时播种。茶园间作切记不要主次颠倒。间作的目的是促进茶树生长、早成园，而不是收获更多的绿肥。因此，间作的绿肥不宜过密，茶行间最多种 1～2 行，不能太靠近茶树。基本原则是茶苗始终见得到阳光，茶苗与绿肥没有或基本不存在争水争肥的现象。所以，前面提到的高秆作物如玉米，如果是在行间很稀疏种一些，看上去像热带茶园中的遮阴树，则不影响茶树生长，又有一定的遮阴作用，也是可以的。

（3）及时剪枝和刈青。对于可以剪枝的绿肥，如茶肥 1 号、高丹草、甜象草等，当生长较高时应及时刈割，割下来的秸秆铺设在茶苗附近；对于箭筈豌豆等，长到一定高度，其顶端的卷须攀缠到茶树上，应用镰刀及时清理；对于一年生的豆科绿肥，要求在没有完全成熟时收获，秸秆留在茶园内，翻埋入土，以培肥土壤。

30. 茶园专用绿肥“茶肥 1 号”应注意哪些种植技术要点？

“茶肥 1 号”是湖南省茶叶研究所选育的茶园专用绿肥，为豆科决明属的一年生亚灌木植物，具有产青量大、含氮量高、适应性与抗逆性强等特点，不仅适合在幼龄茶园间作，也适合在空地和成龄茶园种植。该绿肥固氮能力强，全株氮含量3%～4%，磷含量0.3%左右，全钾含量1%以上；每亩空地种植产青量达15吨，茶园间种产青量为5吨，显著高于常规绿肥；再生能力强，全生育期200～220天，4月中下旬播种，11月中旬成熟，一年可刈割3次。另外，该品种抗旱、抗病虫、耐高温、耐瘠薄能力均较强，适应性好，适宜在我国茶园大面积推广种植。

为充分提高"茶肥1号"的产青量和固氮量，种植的地块要有良好的排水条件，种植前应整地，使表土平整，活土层深厚。播种前结合翻耕整地，每亩施氮磷钾45%复合肥和钙镁磷肥各10千克左右。每亩用种量为500～750克，于4月中下旬至5月上旬播种，以条播为好，由于用种量少，拌细沙播种有利于播种均匀，行距0.6～0.8米。先开8～10厘米深的浅沟，施以磷肥为主的基肥，再盖2厘米土，然后在土层上播种，最后在种子上盖一层薄土。

发芽后40天左右，植株一般可长8片真叶，这时追施尿素1～2千克/亩。当苗高达5～10厘米时应控制田间杂草，最好人工除草，做到除早、除小、除了。7—9月应特别注意病虫害防治，主要是斜纹夜蛾，可用杀虫灯诱杀成虫，人工摘除卵块和幼虫群集的叶片。在长沙地区，8月底9月初进入盛花期，是最佳刈青时间，可离地5～10厘米进行割青。幼龄茶园为防止长得太高，可在7月中旬离地20厘米进行第一次割青，8月中下旬离地30厘米进行第二次割青，10月底结合施基肥将枝叶全部翻埋入土，或铺于茶树两侧。

31. 茶园补缺应关注哪些技术要点？

目前新茶园种植的无性系良种茶苗，由于移栽时伤根较多，且根系分布浅，抗旱抗寒能力较差，遇到高温干旱和低温冻害等不良天气容易死苗，导致缺株断行。因此，新建茶园经过一年的生长，

均有不同程度的缺苗，必须抓紧时间查苗补缺，以免形成茶行参差不齐的现象，这对于将来机械化管理的茶园尤为重要。茶园补缺应做好以下技术要点。

（1）移栽时准备“备用苗”。补缺需要同种同龄茶苗，无论天气如何，管理水平高低，均有一部分茶苗需要补缺。因此，茶苗种植时需准备至少20%的备用苗，生产上常常在同一块地每种10行茶树，种2行备用苗，备用苗种在两行茶树的中间，从距与每从株数与正行相同，这样补缺时在同一块地上可带土移栽，方便快捷，成活率高。

（2）补缺时间和补缺苗管理。补缺一般在移栽当年（春季移栽）或翌年（秋季移栽）的秋季进行。经过一年的生长，特别是过夏后，茶苗是否成活一目了然。补缺苗的种植管理与新种苗基本相同，但带土苗第二次定型修剪可在春季进行。

32. 茶园行道树和遮阴树如何选择与管理？

种植行道树或遮阴树是生态茶园建设最重要的内容之一。在茶园周围、园内主要道路两旁、主渠两侧、陡坡、沟谷和土壤积水等不适合种茶的地方植树造林不仅能提高茶园生物多样性，改善生态环境，促进茶树生长发育，还有良好的景观效果和经济价值。行道树或遮阴树在品种的选择、种植和管理方面应注意下列技术要点。

（1）品种选择。选择的树种要求为病虫危害少、深根系的乔木品种，树形漂亮，具有较高的经济或观赏价值。长江中下游茶区常见的遮阴树和行道树品种有桂花、香樟、樱花、无患子、玉兰、合欢、杜英和大叶冬青等。南方热带地区推荐豆科乔木托叶楹和台湾相思等。积水地方适宜种植水杉。桉树生长快，需要大量的水分和养分，不宜在茶园附近种植，否则会严重影响茶树生长，甚至导致茶树死亡。

（2）种植方式。亚热带的长江中下游茶区，宜在茶园四周或主道、主渠两侧种植行道树，而不宜在茶园内部种植遮阴树。这是由于该地区四季分明，夏季温度高、阳光强烈，冬春季气温低、阳光不足，种植在茶园内部会影响茶叶产量，也不方便机械化作业。为方便茶园机械化作业，行道树最好与茶行平行，如要种植在茶行两端，则必须种在茶行的顶端，不能种在行间，以免影响耕作机械等进入茶园。我国南方热带茶区，除茶园四周种植外，也适合在茶园内部种植，遮光率控制在20%～30%为宜。

（3）种植技术。行道树种植间距主要根据其高度和树幅确定。香樟、桂花、樱花和合欢等树形高大的品种，种植间距以4～6米为宜；无患子和杜英等较矮小的品种以2～4米为宜；而大叶冬青则适合做绿篱，间距50厘米左右。托叶楹和台湾相思作为遮阴树种植在热带茶园内部，行株距8米左右。为提高成活率，最好选择大苗带土球移栽。种植前需挖坑（沟）施肥，桂花、香樟、樱花等需要挖直径和深度各为80厘米的种植坑，施入底肥（每坑施有机肥5千克和磷肥0.5千克），覆表土至坑深50厘米左右；大叶冬青在种植前挖一条深和宽各为40厘米的种植沟，每米施有机肥5千克、磷肥0.5千克，覆表土至沟深30厘米。

（4）种植后的管理。主要包括修枝和病虫害防控等。当茶园四周的行道树树幅太大时，应及时修枝，降低对附近茶园的遮阴度。行道树高大，常规的病虫防治方法效果较差，使用天敌如捕食螨防治红蜘蛛、蓟马等，不但没有环境污染，而且效果好，在城市园林植物中已大规模推广应用。这种类型的天敌同样适合于茶园中的行道树和遮阴树。另外，香樟等树冠高大、根系发达的乔木型品种树龄较高时，对周围茶树光照、水分和养分供应影响较大，甚至导致茶树死亡。所以，这些树木的年龄最好不要超过40年，当这些树木接近该年龄时可作为园林树木出售，原位置重新种植。这样可充分提高遮阴树或行道树的经济效益。

第三章 茶园土壤管理与施肥技术

33. 茶园灌溉有哪些指标？

水分是茶树体内的重要成分，占茶树生物体总重量的60%左右，其中新梢含水量约为75%。水分是茶树体内一切代谢活动的基础和前提，它参与光合作用、呼吸作用、生物化学反应、细胞的分裂和扩大、矿物质的吸收和运输，并调节茶树体温等。可以说，没有水分，就没有茶树的生命活动。因此，根据天气和土壤水分状况及时补充水分对茶树的生长发育、茶叶产量和品质十分重要。茶园灌溉的指标依据对象不同可分为三种，即土壤湿度指标、茶树生理指标和天气指标。

土壤湿度指标是目前生产上最常用的指标，即根据土壤相对湿度确定茶树灌溉的时间和水量。研究表明，当土壤含水量为田间持水量的90%时，茶树生长旺盛；降到60%～70%时，茶树生长受阻；低于60%时，新梢会受到不同程度的危害。因此，当耕层土壤含水量为田间持水量的70%时是开始灌溉的时间，当土壤含水量达到田间持水量的90%时停止灌溉。另外，土壤水势也能直接反映土壤供水能力的大小，当土壤水势在－0.08～－0.01兆帕时，茶树生长较适宜，因此，土壤水势－0.08兆帕也可作为茶园灌溉的指标。

茶树生理指标能在不同的土壤、气候条件下，直接反映茶树体内水分含量状况。茶树芽叶细胞液浓度和新梢叶片水势对外界水分供应较为敏感，与土壤含水量和空气相对湿度有较好的相关性。在上午9时测定，当细胞液浓度低于8%、叶片水势高于－0.5兆帕时，茶树体内水分供应正常。若细胞液浓度达10%、叶片水势低于－1.0兆帕时，茶树体内就会出现水分亏缺，应及时灌溉。另外，茶树体内的水分状况，还可以从茶树的表观特征上反映出来，在少雨干旱的天气，茶树叶片失去光泽、缺乏生气、生长缓慢、对夹叶增多时表明茶树缺水。但这一形态指标出现时，茶树往往缺水明显，此时灌溉为时已晚，灌溉应在茶树出现受旱症状之前进行。

天气指标是根据气温、降水量、蒸发量的变化和茶树生育对水分的要求确定的合理灌溉指标。一般来说，夏秋季平均气温28℃左右，如10天不下雨，就应安排灌溉；当日平均气温接近30℃，最高气温达35℃以上，日平均水面蒸发量达9毫米，并持续一星期以上时也应安排灌溉。

34. 茶园节水灌溉技术有哪些？

茶园节水灌溉的方法主要有喷灌和滴灌两种。其中喷灌可以一机多用，如抗旱和防止晚霜冻害；滴灌则能水肥一体化，既节肥又省水。在茶园中安装喷灌还是滴灌应根据水源供应、地形地貌和当地的气候条件等灵活选择，以最大限度地提高水分和设备利用率。

喷灌是利用机械和动力设备，使水通过喷头（或喷嘴）射至空中，以雨滴或雾滴形态降落至茶树及土壤上的灌溉方法。喷灌既能给茶园土壤供水，又能增加茶园近地层的空气湿度，调节茶园小气候，改善土壤和大气的水热状况；喷灌还有喷水均匀、节水效果好、适应性广、工效高等特点。喷灌设备由进水管、抽水机、输水管、配水管和喷头（或喷嘴）等部分组成，按安装模式和移动性不同，分为固定式、移动式和半固定式三种类型。固定式喷灌是除喷头外，其余设备均固定不动，干、支管道常埋设在土层内，喷头可作圆形或扇形旋转喷水。移动式喷灌是指由动力、水泵、管道及喷头组成的喷灌机组可以移动。半固定式喷灌介于固定式喷灌和移动式喷灌之间，水泵、动力、输水主管是固定的，而输水支管、竖管和喷头是可移动的。虽然移动式和半固定式喷灌的安装费用较低，但使用起来较麻烦，以固定式喷灌为好。为了方便茶园机械化作业和防止设备老化，在非灌溉季节，固定式喷灌最好能将竖管和喷头取回，放室内保存。

滴灌是按照茶树水分需求，通过管道系统与安装在毛管上的滴水器，将茶树需要的水分和养分一滴一滴，均匀缓慢地滴入茶树根层土壤中的灌水方法。滴灌不破坏土壤结构，土壤内部水、肥、气、热常常保持适宜于茶树生长的良好状况，蒸发损失小，不产生地面径流，也没有深层渗漏，是一种非常节水的灌水方式，在旱热季节，滴灌的水分利用率可高达90%以上。同时，由于化肥同灌溉水结合在一起，肥料养分直接均匀地输送到茶树根系层，实现了水肥同步，能显著提高肥料利用率。滴灌的缺点是造价较高，管道和滴头容易堵塞，对水质和肥料质量要求较高，且不能调节茶园小气候。

对于绝大多数茶园，不可能同时安装喷灌和滴灌。首先考虑当地的气候条件和水源供应，降水较少、旱季较长的北方茶区适宜安装滴灌；而长江中下游茶区季节性干旱明显，又常遇“倒春寒”危害，安装喷灌可以一机多用，经济实惠；地形起伏较大的坡地茶园也以安装滴灌为好。

35. 如何防止茶园积水？

茶树具有喜湿怕涝的特点。土壤水分不足影响茶树生长发育，但渍水或地下水位过高，对茶树生长的影响更为明显，常常表现为茶树生长不良，严重的甚至导致茶树死亡。所以，积水区域不适合种茶，防止茶园积水是茶园基本建设最重要的内容之一。

绝大多数茶园应建立良好的排水系统。一般茶园应建立主沟、支沟和隔离沟等排水设施。主沟是坡地茶园低洼处的纵沟，能汇集附近园外和园内支沟的水，将其引出园外。平地茶园的主沟沿干道、支道平行开设，主沟的宽度和深浅根据流水量多少和土壤质地决定，一般沟深 0.4～0.5 米，沟面宽 0.7～1.0 米，沟底宽 0.3～0.5 米。沟内每隔一定距离应用石块砌成拦水坝，坝高略低于沟边，坝的中央部分形似凹形，以利减缓水速，拦截泥沙。支沟与主沟垂直或成一定角度连接，平地和缓坡地可沿步道设置，坡地茶园在茶行间设置“竹节沟”，山地梯级茶园设在茶园内侧，与茶行平行，一般沟深 0.3 米，宽 0.4～0.5 米。隔离沟设置在茶园和林地的交界处，防止茶园外径流冲刷茶园。隔离沟沿等高线开设，沟的深度视坡度、雨量、集水面积而定，一般深度、宽度各为 70～100 厘米。

上述各种类型的排水沟渠能有效防止降水长期滞留在茶园内，是防治茶树湿害的根本措施。对于因特殊地形和母质常常引起积水的茶园，除了这些工程措施外，还必须建立其他有针对性的排水措施。对于一定深度土层内有网纹层、粘结层、铁锰层、砾石胶结层等隔土层，或水稻土的犁底层时，首先是在开垦茶园时应将这些隔土层或犁底层打破，其次在茶园四周建立较深的排水沟，防止茶园积水。对于地势较低的碟形或谷地茶园，雨水易通过地表径流从四面八方向低洼地汇集而导致积水，应在低洼处建立排水沟。而对于地下水位较高，在河川、河谷及湖塘旁边的茶园，首先应建立拦截沟，防止江河湖水进入茶园。其次要在茶园附近开挖深 110 厘米左右的排水沟，切断河川河谷和湖塘的地下压力水，降低茶园地下水位。由水稻田改建的茶园，除挖穿犁底层外，还应在茶园四周或两侧建深 1 米左右的排水沟。

茶园建立的各种沟渠，除明渠明沟外，也可根据特殊的地形建立暗沟暗渠。明沟具有建造成本低、易于维护等优点，但也存在占地较多、切断人车通行道路等缺点。因此，在茶园排水系统中，一些特殊地段可采用暗沟排水，如与茶行交叉的纵沟和存在地下隔离层而渍水的地段最好采用暗沟排水。暗沟排水管道可用砖石材料和水泥砌成，也可采用带渗水孔的聚乙烯吡咯烷酮（PVP）排水管。暗沟排水管道之上要垫一层砂砾，以确保排水畅通。

最后，值得一提的是有泉水或山上雨水必经的通道，或低洼处久排不干的区域不宜种植茶树。对于面积较大的区域，可因地制宜建立水塘，周围种植水杉；而面积较小的区域则保留湿地，增加茶园的生物多样性。

36. 茶园水肥一体化应注意哪些环节？

水肥一体化是指利用滴灌技术，将水分和养分同时供应茶树的一种施肥新技术。水肥一体化能根据茶树水分、养分需求以及土壤水分、养分含量状况，定时定量提供水肥，从而极大地提高水肥利用率。为充分提高水肥一体化的增产提质效果，同时延长滴灌设施的使用年限，生产上应注意下列技术环节。

（1）建立适合当地的茶园滴灌技术参数。应根据滴灌茶园茶树对养分和水分的需求，以及土壤养分和水分状况建立适合当地的灌溉技术参数，包括肥料用量、水肥比例、滴灌流速和灌溉水量等。目前，推荐的茶园施氮量（以纯氮计）为300千克/公顷，氮、磷、钾的比例为（2～5）∶0.5∶1；肥料需二次溶解，先按4%的肥水比将肥料溶解，滴灌时水中肥料的浓度为0.1%～0.5%。滴灌流速和灌溉水量主要根据茶树对水分的需求及当地土壤情况确定。

（2）肥料要有较好的水溶性。为防止管道和滴头堵塞，使用的肥料要有较好的水溶性，含杂质少，最好使用专用水溶肥，一般不用颗粒状复合肥，避免使用酸碱性质不同的肥料。肥料溶液必须现配现用，特别是在水质不太好的情况下，以避免水中物质与肥料发生物理或化学反应引起沉淀。

（3）滴灌施肥程序。每次用滴灌施肥时，应先滴清水，待水管压力稳定后再施肥。施肥过程中，应定时监测灌水器流出的水溶液浓度。施肥结束后应继续滴清水一段时间，将剩余的肥料从管道中排出，以免苔藓状微生物在管道和滴头中生长从而造成堵塞。

（4）滴灌系统的保养。除施肥前后一定要滴清水外，如果较长时间不用，则使用前或最后一次使用后滴清水的时间应适当延长，以彻底地冲洗滴灌系统。使用过程中，应定期检查、及时维修系统设备，防止漏水。及时清洗过滤器，定期对离心过滤器集沙罐进行排沙。冬季来临前应进行系统排水，防止结冰爆管，做好易损部件保护。

37. 茶园土壤耕作的种类与要点有哪些?

耕作是改善土壤理化性质、提高土壤质量最重要的技术措施之一。茶园耕作对于疏松土壤、清除杂草、减少病虫害、促进根系更新等均有良好的作用。但耕作不当，也会给茶园带来一些负面影响，如损伤茶树根系、破坏土壤结构等。因此，要因树、因地进行合理耕作，才能取得预期的效果。茶园土壤耕作种类主要根据耕作深度划分，分浅耕、中耕和深耕三种。

浅耕是指深度低于 10 厘米的耕作方式，主要目的是疏松表层土壤，改善土壤通气透水性能，清除杂草，切断毛细管，减少土壤水分散发。浅耕对茶树根系损伤不多，一般不会对茶树造成不利影响。浅耕的次数和时间，依土壤结构、杂草滋生情况、树冠覆盖度和当地气候条件等因素不同而异。幼龄茶园，由于建园时进行过深耕，又不受采摘等农事作业的践踏，土壤比较疏松，树冠覆盖度小，耕作次数和时间主要根据杂草的多少而定，掌握在杂草生长的旺盛期以及梅雨结束前后进行，一般每年 2～3 次。对于间作绿肥的幼龄茶园，可结合夏季和冬季绿肥的播种进行浅耕。成龄茶园的浅耕可结合施追肥进行，一般春茶前后和梅雨结束前各进行一次浅耕。高温干旱季节不要耕作。对于土壤肥沃疏松、树冠覆盖度大的茶园，可减少耕作次数，甚至免耕。对于坡度较大、水土流失严重的茶园，宜减少浅耕次数。

中耕的深度在 10～15 厘米，中耕可与除草结合进行。生产上中耕常在春茶萌发前进行。目的是防除春季杂草，降低表土水分含量，促进表土吸收太阳辐射，提高土壤温度，促进茶芽提早萌发生长。春季不能挖得太深，以免伤根影响根系对养分的吸收，从而影

响春茶产量。同一地区，可根据茶芽萌动先后中耕，平地先耕，山区后耕，阳坡先耕，阴坡后耕。

深耕是深度在15厘米以上的耕作方式。深耕改良土壤的作用比浅耕强，但对茶树根系的损伤较大。深耕一般与施肥，特别是施有机肥结合进行。种植前经过深翻的幼龄茶园，不必深耕；种植前只进行局部深耕的，应尽早在行间未深耕的部位深耕。成龄茶园行间深耕以深20～30厘米、宽40～50厘米为宜，呈V形，行中间深些，靠近茶树的地方浅些。衰老茶园深耕对于更新根系、恢复茶树长势有一定的作用，可结合树冠改造如重修剪或台刈进行，深度和幅度以分别不超过40厘米为宜。茶园深耕一定要与施基肥结合进行，只深耕不施肥，则起不到应有的效果。基肥以有机肥为主，如农家肥、菜饼肥或茶树专用有机肥等，并适量施复合肥。另外，需要指出的是茶园深耕不必年年进行，可2～3年一次，对于土壤疏松肥沃的茶园，提倡免耕。

38. 茶园田间耕作机械有哪些？有什么特点？

茶园耕作机械按在作业中承担的作用，分为耕作动力机械和配套农机具。其中动力机械常用手扶拖拉机，配套的农机具是指耕作、施肥的部分，如旋耕机等。根据动力大小、耕作方式不同，耕作机的种类很多。目前生产上应用较多且有代表性的列举如下。

（1）针式仿生耕作机。仿生耕作机是针对茶园土壤板结严重、耕作难而提出来的一种仿人工挖掘技术的机具。该机具采用了针式耕齿以及模拟人工挖掘轨迹的曲柄连杆机构，具有挖掘阻力小、有效利用挖掘反力等特点，对于常年不耕、土壤板结严重的茶园具有良好的效果。

（2）立式螺旋耕作机。螺旋耕作是针对茶园深耕、肥料深施和施肥均匀性，要求变量、变位施肥而提出的一种耕作技术。该机具主要由两根分别起破土和搅土作用的立式螺旋刀轴组成，具有开沟施肥一次完成、肥料与土壤搅拌均匀的特点，主要应用于茶园深耕与施肥作业。

（3）旋耕机。旋耕机分为立式旋耕和卧式旋耕两种。立式旋耕主要由垂直于地面的旋转轴和轴向安装的旋耕刀片组成。由于旋耕轴垂直于地面，结构紧凑，特别适宜于茶园行间作业，并且具有碎土率高、开沟均匀等特点。卧式旋耕机的旋耕轴平行于地面，耕作宽度较大，一般适合于茶行间距较大的茶园，小型微耕除草机也采用卧式旋耕的耕作方式。

（4）链式开沟施肥机。链式开沟施肥机有单排链和双排链之分，在链条上面布置有L形的刀片。该机具有开沟深度大、沟形均匀的特点，主要应用于茶园施基肥作业。

（5）圆盘式开沟施肥机。圆盘式开沟施肥机由开沟圆盘和刀片组成，一般根据开沟宽度的要求，有单圆盘、双圆盘和三圆盘之分。该机具有开沟深度大、沟形均匀的特点，主要应用于茶园施基肥作业。

39. 茶园多功能管理机械有哪些？有什么特点？

茶园多功能管理机械是指具有耕作、施肥、喷药和吸虫等多种功能的田间机械。农业农村部南京农业机械化研究所近年来研制出了高地隙多功能茶园管理机、低地隙多功能茶园管理机和小型手扶式茶园管理机等多功能茶园管理机，具有一机多用、集成化、低能耗等特点，能有效提高茶园作业效率、减轻劳动强度和降低劳动成本。

（1）高地隙多功能茶园管理机。高地隙多功能茶园管理机主要由动力系统、机架、工作平台、操作系统、行走机构等多用底盘和配套农具组成。履带中心距在1.5～1.8米自动调节，可以满足不同行距茶园的作业需要。可配套耕作、施肥、喷药、采茶和修剪等多种作业机械。在耕作方面，可以挂接针式仿生耕作机、立式螺旋开沟施肥机、立式旋耕机、卧式旋耕机、链式开沟施肥机、圆盘式开沟施肥机等耕作施肥机具。

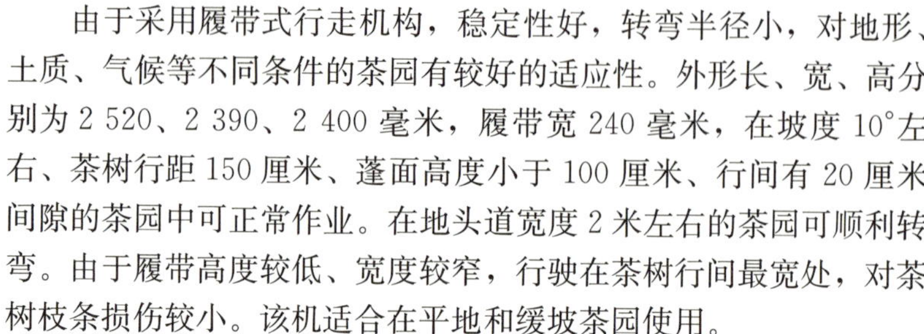

由于采用履带式行走机构，稳定性好，转弯半径小，对地形、土质、气候等不同条件的茶园有较好的适应性。外形长、宽、高分别为2 520、2 390、2 400毫米，履带宽240毫米，在坡度10°左右、茶树行距150厘米、蓬面高度小于100厘米、行间有20厘米间隙的茶园中可正常作业。在地头道宽度2米左右的茶园可顺利转弯。由于履带高度较低、宽度较窄，行驶在茶树行间最宽处，对茶树枝条损伤较小。该机适合在平地和缓坡茶园使用。

（2）低地隙多功能茶园管理机。低地隙多功能茶园管理机整机为一台履带拖拉机，动力通过机械液压混合的方式传递至行走底盘。作业机具挂接接口与通用动力输出接口位于机身尾部，可快速更换不同作业机具。在耕作施肥方面可选配针式仿生耕作机、立式螺旋开沟施肥机、立式旋耕机、卧式旋耕机、链式开沟施肥机、圆盘式开沟施肥机等机具。

该机外形长、宽、高分别为2 610、810、1 700毫米，履带宽150毫米，比高地隙多功能茶园管理机明显窄小，在茶园行走更为方便。该机可在横向坡15°左右、茶树行距150厘米、茶蓬高度小于100厘米、行间有20厘米间隙的茶园中正常作业。

（3）小型手扶式茶园管理机。小型手扶式茶园管理机由动力系统、传动系统、变速操纵系统、行走系统、深耕锹和护罩等部分组成。行走系统由前部2只驱动轮和后部1只转向轮组成，通过行走轮转动时地面所给予的反作用力，使机器向前或向后行走或移动。该机主要考虑山区茶园有坡度，为克服机器左右倾斜对耕作带来的影响及保持机器行走稳定，前部2只行走轮具有自动浮动上升功能，即走在坡地外侧一边的行走轮，可自动升高，从而使机体处在水平状态，不致引起侧翻。该茶园管理机主要用于耕作，可配套针式仿生耕作机具、卧式旋耕机具。

该机外形长、宽、高分别为1 000、560、500毫米，轮距300毫米，重75千克，小巧玲珑，对不同地形、土质、气候和管理水平的茶园有较好的适应性。能在树高82厘米、蓬面宽152厘米、茶行间距28厘米左右、横向坡度30°以下的茶园正常作业。该机旋耕生产率为0.7～0.9亩/小时，深耕作业效率为0.3～1.1亩/小时。旋耕时可与施肥结合进行，施肥量可在100～220克/分钟调整。该机也可用于病虫防治，进行高效宽幅的喷雾作业，雾化均匀，能大面积及时有效地防治病虫害。

40. 土壤免耕的基本条件有哪些？

茶园耕作是一项费工、劳动强度大、成本高的工作。如能免耕，不但有利于提高茶园经济效益，而且对于减少水土流失、茶园固碳等均有良好作用。但免耕并不是想耕就耕，不想耕作就认为是免耕。只有那些耕作与否对茶树生长发育、茶叶产量和品质影响不大的茶园才能进行免耕，而对于那些表土板结、土体紧实、通气透水严重不良的土壤则是无法进行免耕的。

免耕茶园必须符合下列条件。第一，土壤本身必须是壤土或沙土，土壤质地疏松，深厚肥沃，有机质含量高，通透条件好，这是免耕茶园的基础和前提。第二，茶树种植前，土壤经过彻底的深翻，并配合施用大量有机肥，有效土层内土壤疏松肥沃。第三，茶树生长良好，茶树蓬面大，茶园覆盖度在90%左右，茶树根系发达，几乎布满整个行间，表层土壤吸收根众多。第四，茶园施肥水平高，每年能施用一定数量的有机肥。第五，茶树行间能经常覆盖草料、枝叶或其他有机物等，杂草和病虫害均较少。这样的茶园，免耕同样能取得优质高产。

茶园免耕是相对的。即使符合上述条件可以免耕的茶园，也不是一劳永逸的，应根据土壤条件的变化适当调整，可免耕2～3年后深耕一次，以促进中下层土壤肥力水平的提高。

41. 茶园平衡施肥的基本原则有哪些？

平衡施肥是茶园施肥的核心，不但能明显提高肥料养分利用率，降低生产成本，提高茶叶产量和品质，而且能减轻环境污染，

不断提高土壤质量。茶园平衡施肥有下列四项基本原则。

(1) 有机肥与无机肥平衡。有机肥不但能改善土壤的理化和生物性状，而且能提供协调、完全的营养元素。但有机肥养分含量低，且释放缓慢，不能完全、及时地满足茶树需要。因此，配合施用养分含量高、释放快速的无机肥，既能满足茶树生长发育的需要，又可改善土壤性质。施肥时要求基肥以有机肥为主，追肥以化肥为主。

(2) 氮与磷钾平衡，大量元素与中微量元素平衡。茶树是叶用作物，需氮量较高，但同样需要磷、钾、钙、镁、硫、铜和锌等其他养分。幼龄茶园，茶树以长骨架为主，氮、磷（以 P_2O_5 计）、钾（以 K_2O 计）的比例以 1∶1∶1 为宜；成龄采摘茶园氮、磷、钾的比例以（2～5）∶0.5∶1 为宜。一般每生产 100 千克大宗茶，施纯氮 12～15 千克，同时配合施 10～20 千克的过磷酸钙（或钙镁磷肥）和 7～12 千克的硫酸钾（或 6～10 千克的氯化钾），按名优茶计产时施肥量需增加 1～2 倍。土壤中其他营养元素的含量，一般要求有效镁 50 毫克/千克，有效硫 40 毫克/千克左右，有效铜和锌分别在 1 毫克/千克和 2 毫克/千克以上，否则应施肥。

(3) 基肥和追肥平衡。茶树对养分的吸收是一个持续的过程，并具有明显的贮存和再利用特性，秋冬季茶树吸收贮存的养分是翌年春茶萌发的物质基础，对春茶的产量和品质作用明显。茶树秋冬季吸收的养分占茶树全年养分吸收总量的 30%～35%，而生长季节吸收的养分占 65%～70%。所以，只有基肥与追肥平衡施用，才能满足茶树年生长周期对养分的需要。一般基肥占 40%，追肥占 60%。

(4) 根部施肥与叶面施肥平衡。茶树具有深广的根系，其主要功能是从土壤中吸收养分和水分。茶树叶片多，表面积大，除光合作用外，还有吸收养分的功能。尤其是土壤干旱影响根部吸收或施用微量营养元素时，叶面施肥效果更好。另外，叶面施肥还能活化茶树体内的酶系统，加强茶树根系的吸收能力。因此，只有在根部施肥的基础上配合叶面施肥，才能全面发挥施肥的效果。

要实施平衡施肥技术，需要了解土壤的基本性质及养分含量状况，根据土壤测定结果及当时茶树对养分的需求，遵循上述基本原则进行配方施肥。

42. 茶园高效施肥技术有哪些要点？

茶园高效施肥就是施用的肥料能被茶树真正吸收利用，不但转化为经济产量和效益，优化茶叶品质，而且能维护和改善茶园的生态环境，不断提高土壤肥力水平，避免施肥不当引起的土壤酸化、重金属积累、水体硝酸盐污染等，促进茶叶生产的持续健康发展。具体来说，应做到“一深、二早、三多、四平衡、五配套”。

“一深”：肥料要深施，促使根系向土壤纵深方向发展。茶树种植前的底肥深度要求在 30 厘米以上，基肥在 20 厘米左右，追肥也能达到 10 厘米左右。切忌撒施，否则遇大雨导致肥料径流损失，遇干旱造成大量的氮素挥发浪费，还会诱导茶树根系向表层土壤集中，从而降低茶树抗旱和抗寒等能力。

“二早”：①基肥要早施。进入秋冬季后，随着气温降低，茶树地上部逐渐进入休眠状态，根系开始活跃，但气温过低，根系的生长活动也减缓，早施基肥可促进根系对养分的吸收。长江中下游茶区要求在 9 月中旬至 10 月底完成；江北茶区可提前到 9 月初开始施用，10 月上旬结束；而南方茶区则可推迟到 10 月初开始施用，11 月底结束。②催芽肥也要早施，以提高肥料养分对春茶的贡献率。催芽肥要求在春茶开采前 30～50 天施用。

“三多”：①肥料的种类要多。不但要施有机肥，而且要施速效化肥；不但要施氮肥，而且要施磷、钾肥和镁、硫、铜、锌等中微量元素肥料，以满足茶树对各种养分的需要和不断提高土壤肥力水平。②肥料的用量要适当多。每产 100 千克大宗茶，应施纯氮 12～15 千克。如以幼嫩芽叶为原料的名优茶计产，则施肥量要提高 1～2 倍。但是，化学氮肥每年每公顷施用量（以纯氮计）以 300 千克左右为宜，不宜超过 450 千克。③施肥的次数也要多。春夏秋三季采摘的茶园最好做到“一基三追十次喷”、只采春茶的茶园，“一基二追”即可。

“四平衡”：①有机肥和无机肥平衡。②氮与磷钾、大量元素与中微量元素要平衡。③基肥和追肥平衡。④根部施肥与叶面施肥平衡。平衡施肥是茶园施肥的核心。

“五配套”：茶园施肥要与其他技术配合进行，以充分发挥施肥的效果。①施肥与土壤测试和植株分析相配套。根据对土壤和植株的分析结果，制订适宜的茶园施肥和土壤改良计划。②施肥与茶树品种相配套。不同品种对养分的需求有明显的个性特点，如龙井43品种要求较高的氮、磷和钾施用量，而碧云品种则相反，耐肥性差。因此，茶园施肥应根据不同品种的特点进行。③施肥与天气和肥料种类相配套。即根据天气状况和肥料品种确定合理的施肥技术。④施肥与土壤耕作和茶树采剪相配套。如施基肥与深耕改土相配套，施追肥与除草结合进行。⑤施肥与病虫防治相配套。一方面茶园肥水充足，易导致病虫危害，要注意及时防治；另一方面，对于病虫危害严重的茶园，特别是病害较重的茶园适当多施钾肥，并与其他养分平衡协调，增强茶树抵抗病虫害的能力，可明显降低病害的发生。

43. 氮对茶树生育有哪些作用？如何施氮？

氮是茶树生长发育最重要的营养元素，被称为生命元素。茶树嫩梢的含氮量一般在3%～6%，平均4.5%，最高可达6%～7%。氮在茶树体内具有十分重要的作用。第一，氮直接参与蛋白质、核酸、酶、叶绿素、维生素等重要生命物质的组成。第二，氮参与茶树光合作用、呼吸作用和物质代谢等几乎茶树生命活动的所有代谢过程。第三，氮具有促进茶树营养生长的作用，并在一定程度上抑制生殖生长。第四，氮还是茶叶品质成分氨基酸、咖啡碱等化合物的重要组成部分，直接决定茶叶品质的优劣。所以，当茶树氮素供应充足时，能促进细胞分裂和伸长，叶绿素含量提高，光合作用增强，营养生长旺盛，促进茶树芽叶萌发和嫩枝生长，发芽多而重，叶片大，节间长，生长快，新梢轮次多，茶叶产量高，品质好。相反，当茶树缺氮时，叶片叶绿素含量减少，颜色变黄，新梢萌发能力减弱，轮次减少，叶片变小，对夹叶增多，茶树生长发育不良，茶叶产量和品质均明显下降。

土壤中的氮素主要有有机氮和无机氮两种形态，其中有机氮占土壤全氮量的95%以上，不能被茶树直接吸收，只有经过土壤微生物的分解转化成铵态氮和硝态氮后才能被茶树吸收利用，有机氮的矿化速率较低，一般为1%～3%。铵态氮和硝态氮在土壤中的性质也有明显差异，铵态氮能被带负电荷的土壤胶体吸附，或被2：1型的黏土矿物所固定，在土壤中比较稳定，不易流失；硝态氮则不易被土壤胶体吸附，容易流失。土壤中氮的损失，包括硝态氮的淋洗损失、氨的挥发、反硝化作用产生的 N_2O 损失等。据研究，氮的淋洗损失量达 186.8 千克/公顷，占氮肥施用量的 33.9%；氨挥发损失量为 48.8 千克/公顷，占氮肥施用量的 8.9%；反硝化（N_2O 排放）损失量为 16.7 千克/公顷，占氮肥施用量的 3.0%。因此，如何合理施氮，减少氮素损失，对于提高茶园氮素利用率具有十分重要的意义。

茶树主要通过根系吸收土壤中的铵态氮和硝态氮以及少量氨基酸等小分子含氮有机物。茶树是典型的喜铵作物，当土壤中含有铵态氮和硝态氮时总是优先吸收铵态氮。因此，为充分提高茶树氮肥利用率，减少浪费，茶园施氮应掌握以下原则：第一，氮肥的形态必须满足茶树喜好。使用的化肥是铵态氮或酰胺态氮，如硫酸铵、磷铵或尿素等，不要施用硝态氮。第二，施氮量掌握总量控制，分期施用。每公顷纯氮施用量控制在 300～450 千克，不要过量，过量不仅利用率低，还会导致环境污染。第三，茶园施肥次数。对于春夏秋都采的茶园要求 1 次基肥，3～4 次追肥；对于只采春茶，不采夏秋茶的茶园，1 次基肥，2 次追肥；基肥占 30%～40%，追肥均分。第四，茶园施氮的方法是沟施，施用后及时覆土，尽量避免表面撒施，以减少氮的挥发损失。不同的氮肥应根据肥料特性采

用不同的施用方法，如施用尿素后不能马上灌水，也不要在大雨前施肥，否则容易淋洗损失；碳酸氢铵必须挖沟深施，施后立即覆土；对于无法沟施只能撒施时，应选择在雨后茶树露水干时进行，也可以在小雨前撒施。

44 磷对茶树生育有哪些作用？如何施磷？

茶树全株的含磷量在0.3%～0.5%，各器官中以幼嫩芽叶含量最高，根次之，茎较低。茶树体内的磷主要以有机态的形式存在，主要参与核酸、磷脂、蛋白质及各种酶等物质的合成，在物质和能量代谢中起着十分重要的作用，因此，磷在“三要素”中排名第二。幼龄茶树因根系生长需求，对磷的需要量较高。据试验，茶树幼苗施用磷肥后，根系的生长量比未施磷的增加了2～3倍。磷素与茶树碳氮代谢关系密切，在施氮的基础上配合施磷肥增产效果显著，茶叶品质成分氨基酸、茶多酚和水浸出物含量也有明显提高；但如果仅施用磷肥，不配施氮肥，增产效果不明显。茶树缺磷时叶片中的花青素含量提高，颜色变紫，制成的茶叶颜色发暗，滋味苦涩。磷素也有促进茶树生殖生长的作用，能促进花芽的分化和形成，使茶树花果数量增加，尤其是氮磷比例失调的成龄茶园或老茶园更是如此，不利于茶叶产量和品质的提高。因此，茶园施磷必须在施氮的基础上进行才能达到良好的增产提质效果。

茶园土壤中的磷多数以矿物态和有机态的形式存在，可供植物利用的可溶性磷含量较低，特别是低丘红壤茶园大都在磷含量临界值以下。因此，施磷是茶园养分管理最重要的内容之一。茶园施磷肥时应注意以下几点：第一，与氮、钾等营养元素配合施用。第二，应将磷肥与有机肥拌匀、堆腐后作基肥施用，防止茶园土壤中铝和铁等元素与磷发生沉淀反应，将磷固定为茶树难以吸收的形态。第三，由于磷素在土壤中的移动性较差，应采用开沟深施的方式将磷肥集中施用在茶树根系附近，以提高磷肥的利用率。

茶园施用的磷肥品种主要有过磷酸钙、钙镁磷肥和磷矿粉等。

其中过磷酸钙是速效磷肥，易被茶树吸收。而磷矿粉中的磷为不溶形态，但在土壤中的有机酸、碳酸等作用下会逐步分解，释放出能被茶树吸收的有效磷，因此磷矿粉具有缓释性，有较好的持续效应，适宜在新开垦茶园中作为底肥。钙镁磷肥处于两者之间，它不但含磷，而且含镁，是茶园土壤理想的磷肥。茶园磷肥的施用量根据土壤的有效磷含量高低决定，对于有效磷含量较低的新垦红壤茶园，种植前用作底肥时，除有机肥外，要求每公顷施磷矿粉 3 000 千克左右。对于成龄茶园，一般按氮磷比（2～4）∶1 施用。对于土壤有效磷含量较低的茶园，可适当多施一些，使土壤有效磷含量保持在 20 毫克/千克左右，但当土壤有效磷含量达到 75 毫克/千克时，应立即停止施磷，以免造成环境污染。目前，有部分茶园由于大量施用复合肥，造成土壤有效磷含量高达 500 毫克/千克，不但磷肥利用率低，而且造成茶园周边水体的富营养化，严重污染了生态环境，应引起重视。

45. 钾对茶树生育有哪些作用？如何施钾？

茶树体内的钾含量一般为 1.6%～2.5%，仅次于氮，居第二位，与氮和磷合称为“三要素”。与氮磷不同，钾在茶树体内主要以离子态存在，作为各种酶的活化剂参与生理代谢活动。钾的作用主要表现为以下几点：第一，钾能增强茶树的光合作用，并使光合产物更多地向幼嫩芽叶等生长旺盛的组织转移，从而提高茶树的营养效率和经济系数。第二，钾能促进茶树对氮的吸收和同化，提高茶叶氨基酸，特别是茶氨酸的含量，有利于改善茶叶品质。第三，钾能增强茶树抗旱、抗寒和抗病能力。所以，钾常被称为“品质元素”或“抗逆元素”。钾素营养正常的茶树，叶片深绿有光泽，病虫害较少，茶叶产量和品质较高。而缺钾的茶树，生长缓慢，特别是重修剪后，茶树发芽和新梢的生长能力较差，叶色变黄，老叶边缘卷曲，严重时叶片边缘出现枯焦，叶片脱落，病害较严重，对干旱和冻害的抵抗能力较差，茶叶产量和品质明显下降。

土壤中的钾以矿物态、非交换性、交换性和水溶性形式存在，其中矿物态钾占土壤全钾量的92%～98%，植物不能吸收利用，非交换性钾为缓效性钾，交换性和水溶性钾能被植物吸收利用。高产茶园土壤交换性钾含量一般应达到100毫克/千克左右，我国茶园约有2/3的土壤缺钾，土壤呈沙性或偏施氮肥的茶园更为普遍。所以，施钾肥是茶园养分管理必不可少的内容。茶园施钾肥应注意以下几点：第一，应与有机肥、氮、磷和中微量元素配合，进行平衡施肥，这样才能充分发挥钾肥的效果，氮钾比例以（2～4）∶1为宜。第二，适当集中深施。对于多数茶园，钾肥和磷肥一年的施用量可作基肥一次施入，但对于沙质土壤，为减少钾的淋溶损失，不宜一次施用过多，应分2～3次施用；对于重修剪的茶园，剪前或剪后也应施用。第三，选择适宜的钾肥品种。茶园施用的钾肥主要有硫酸钾和氯化钾，二者均可在成龄茶园中施用；但对于幼龄茶园、苗圃地等只能施用硫酸钾，因为茶树幼苗对氯离子比较敏感，施用氯化钾容易造成氯害。另外，必须注意的是施用氯化钾的茶园，切忌同时施用氯化铵，否则易引起氯害。硫酸钾同时含有钾和硫，其增产提质效果优于氯化钾。

46. 硫对茶树生育有哪些作用？如何施硫？

硫是茶树必需的营养元素，与氮、磷、钾和镁合称茶树生长发育的“五要素”。硫的生理作用主要有以下几点：第一，硫是胱氨酸、半胱氨酸和蛋氨酸的重要组成成分，茶树体内约有90%的硫存在于含硫氨基酸中。第二，硫参与叶绿素的合成。第三，硫对茶树体内某些酶的形成和活化有重要作用。第四，硫参与维生素H和B的合成。第五，硫通过影响茶树抗寒和抗旱性的蛋白质结构，从而能提高茶树的抗旱和抗寒性。当茶树缺硫时，初期叶片大小和质地无变化，但新叶叶脉间开始缺绿，随着叶片黄化的加深，叶片变小、变脆；中期叶缘和叶尖枯焦；后期进一步发展为老叶脱落，新梢节间变短，只留下新梢顶端的几张小叶，从腋芽发出的新梢又小又黄；最后新梢上的叶片全部脱落，甚至整株茶树枯死。茶树缺硫症状与缺氮相似，但缺氮首先发生于老叶，而缺硫则先发生于嫩叶，并表现出叶肉发黄，叶缘黄化特别严重，但叶脉仍保持深绿色。干旱会加重缺硫现象。

土壤中的硫有无机硫和有机硫两种形态，其中无机硫中以硫酸根（SO_4^{2-}）为主，存在于土壤溶液中或被土壤可变正电荷所吸附，是茶树吸收的主要形态。有机硫存在于有机质中，不能被茶树直接吸收，必须通过矿化作用成为 SO_4^{2-} 才能被利用。土壤中的硫主要来自成土母质、灌溉水、大气干湿沉降以及施肥等。随着硫酸铵、过磷酸钙等含硫肥料施用量的减少，取而代之的是尿素、含磷铵的高浓度复合肥，以及大气污染的控制，大气中 SO_2 干湿沉降减少，茶树缺硫现象日趋明显。茶园土壤缺硫临界值一般为有效硫含量20 毫克/千克，但土壤有效硫含量在 20～40 毫克/千克时施硫仍有增产提质效果。

茶园施用的硫肥有硫酸铵、硫酸钾、硫酸镁、硫酸铝、硫酸钙、过磷酸钙、黄铁矿和硫黄粉等。试验表明，硫酸铵和硫酸钾的效果较好，但硫黄粉价格便宜，是缺硫土壤的首选，硫黄粉施入土壤后被氧化为 H_2SO_4，会导致土壤 pH 下降，因此，严重酸化的茶园不要施用硫黄粉补硫。茶园施硫量以 20～60 千克/公顷为宜，施硫过多导致养分不平衡和土壤酸化等，茶叶产量降低；另外，SO_4^{2-} 在土壤中的吸附能力较弱，很容易随土壤渗漏而损失，从而引起环境污染。因此，茶园施硫应根据当地的土壤、大气 SO_2 含量、茶叶产量和培肥管理状况灵活掌握。一般来说，土壤黏重、有机质含量高、城市附近，土壤有效硫含量在 40 毫克/千克以上的茶园可以不施或少施，而土壤质地轻、有机质含量低、茶叶产量高、山区和土壤有效硫含量低于 40 毫克/千克的茶园应适当施硫。

47. 镁对茶树生育有哪些作用？如何施镁？

镁是茶树必需的中量营养元素，与氮、磷、钾和硫合称茶树生长发育的“五要素”。茶树体内镁的含量一般为 1.2～3.0 克/千克。镁的作用主要有以下几点：第一，镁是叶绿素的组成成分，在叶绿素中的含量一般高达 10%左右，直接参与光合作用和磷酸化过程。第二，镁是 ATP 酶、1,5-二磷酸核酮糖羧化酶、谷胱甘肽合成酶、磷酸烯醇式丙酮酸羧化酶等许多酶的活化剂。第三，镁存在于核糖体中，起着联结核糖体亚基的作用，对于稳定核糖体结构有重要作用。第四，镁还参与 RNA 聚合酶和氨基酸的活化、多肽链的启动及延长等生理过程，直接影响蛋白质的合成。第五，茶氨酸合成酶也需要镁，只有在镁的参与下，才能使谷氨酸和乙胺结合形成茶氨酸。因此，镁对茶叶产量和品质有着十分重要的作用。镁在茶树体内有很强的移动性，茶树的缺镁症状首先出现在老叶上。当茶树缺镁后，表现为生长缓慢，老叶片主脉附近出现深绿色带有黄边的 V 形小区，以后逐步扩大出现缺绿症，形成叶脉绿色、叶肉黄色的“鱼骨状”缺绿。严重缺镁时，新梢嫩叶黄化，生长几乎停止。

土壤中的镁主要有矿物态、交换态、水溶态及少量的有机结合态。其中，交换态镁与水溶态镁称为有效态镁，是茶树可吸收利用的镁。矿物态镁和有机结合态镁一般需要经风化或分解后才能被茶树利用。茶园土壤全镁含量与成土母质有关，一般石灰岩和玄武岩发育的土壤较高，而花岗岩、砂岩风化物发育的土壤较低。缺镁土壤主要分布于南方砖红壤和赤红壤地区、土壤质地偏沙性茶园以及一些老茶园，偏施铵态氮肥和钾肥也会加速缺镁症状的发生和发展。茶园土壤交换态镁的含量要求达 50 毫克/千克以上，钙镁比为(5～12)∶1。

镁肥分水溶性镁肥和微溶性镁肥。前者包括硫酸镁、氯化镁、钾镁肥，后者主要有磷酸镁铵、钙镁磷肥、白云石粉等，都能施用于茶园土壤。对于交换态镁含量低于 30 毫克/千克的缺镁茶园，可作基肥施用，每亩施纯镁 2～3 千克，或以钾镁比 4∶1 计算；对于潜在缺镁茶园，即交换性镁含量低于 40 毫克/千克的茶园，每亩施纯镁 1.0～1.5 千克，或以钾镁比 6∶1 计算。

48. 有机肥有哪些种类？为什么要施用有机肥？

有机肥料的种类很多，按其来源或商品化程度不同，可分为农家有机肥和商品有机肥。农家有机肥主要有饼肥、厩肥、堆肥、沤肥、家畜禽粪尿和海肥等。饼肥包括菜籽饼、桐籽饼、芝麻饼、棉籽饼、大豆饼和花生饼等，饼肥的营养成分完全，有效养分丰富，特别是含氮量较高，一般可达3%～6%，是理想的茶园有机肥。厩肥主要由猪、羊、牛、马、鸡、鸭和兔等的粪尿与秸秆垫料堆制而成。堆肥和沤肥是将枯枝落叶、杂草、生活垃圾、绿肥、河泥、塘泥及粪便等物质混杂在一起经过堆腐或沤制而成。

目前，传统有机肥如厩肥、堆肥、沤肥的数量较少，生产上施用的主要是商品有机肥，即以动物粪便、动物加工废弃物、饼肥、作物秸秆、枯枝落叶、草炭等动植物废弃物为原料，采用物理、化学、生物或三者兼有的处理技术，经过堆制和高温发酵等工艺，消除了其中的病原菌、病虫卵和杂草种子等有害物质，达到无害化标准的肥料。商品有机肥包括各类茶树专用有机肥、有机无机复合肥、腐殖酸类肥料和以动植物残体、排泄物等为原料加工而成的肥料等。茶树专用有机肥是根据茶树营养特性和茶园土壤理化性质配制的茶树专用的各类肥料，具有较强的针对性，改土和增产提质效果较好。

有机肥不但营养全面，而且肥效长，可增加和更新土壤有机质，促进微生物繁殖，改善土壤的理化和生物性状。有机肥主要作用如下。

（1）有机肥能改善土壤物理、化学和生物性状，提高土壤肥力。有机肥分解产生的有机胶体物质与土壤无机胶体结合形成不同粒径的有机无机团聚体，从而明显改善土壤通气透水和保水保肥性能。有机质含量高的土壤往往土体松软，通透性强。有机肥料中的有机物又是各种土壤微生物生长和繁衍的物质和能量来源，所以，施有机肥的茶园土壤微生物群落明显增加，能促进土壤熟化，提高土壤养分的转化效率。

（2）有机肥能减少养分固定，提高肥料利用率。有机物含有的及分解产生的有机酸和腐殖质酸具有很强的螯合能力，能与许多金属元素形成螯合物，可有效地防止土壤对这些营养元素的固定。有机肥中的有机酸还能与茶园土壤中的铁和铝螯合，防止它们对磷的固定，明显提高磷肥的肥效。

（3）有机肥本身是一种养分完全、比例协调的肥料。其含有的多种营养元素不但有利于茶树的吸收，而且能维护土壤的养分平衡。另外，有机肥的大量施用对提高土壤阳离子交换量、改善土壤缓冲性能也有十分重要的作用。

我国茶园大都在丘陵山区，土壤肥力水平较低，其中最突出的是有机质含量低，导致土壤理化和生物性状差，保肥供肥能力弱，茶叶产量低，茶叶品质不高。在茶园中施用有机肥，对于改善土壤肥力水平，促进茶树生长发育，提高茶叶产量和品质具有十分明显的作用。

49. 有机肥料如何进行无害化处理？

有机肥主要包括农家有机肥和商品有机肥。商品有机肥已经过处理，农家有机肥中的饼肥也较干净，一般无须处理可直接施入茶园。畜禽粪便和农作物秸秆等常常含有较多的有害微生物和杂草种子等，如人畜禽粪便含有寄生虫卵、病毒、大肠杆菌和恶臭味，杂草和以杂草为主的畜禽栏肥则带有各种病虫和杂草种子等，这些有机肥在使用前必须经过无害化处理，杀灭其中的寄生虫卵、杂草种子和病原体，除去臭味。

有机肥料无害化处理方法很多，有物理方法、化学方法和生物方法等。物理法如暴晒、高温处理等，这些方法效果好，但养分损失大，工本高；化学方法是通过添加化学物质除害；生物方法是通过接种微生物后进行堆腐、沤制，使其高温发酵。目前，在生产上应用较多的是接种微生物堆制法。具体做法是选择一块地势较高的平地，先将作物秸秆、杂草铺在地上，宽 3～4 米，长度不限，厚度40～50厘米，在秸秆上面铺上动物排泄物，在动物排泄物上再铺上作物秸秆，如此一层一层往上堆积，形成2～3米的长梯形堆。秸秆和粪便中应混入一定量的泥土，撒上一些石灰或草木灰，秸秆和粪便较干时应加一定量的水，并添加微生物制剂，如酵素菌或EM多效微生物菌等，以促进有机肥腐熟。最后在堆肥表面铺上一层10厘米厚的细土，或用稀泥封闭，以维持堆内部温度和保存养分。堆肥在堆制后3～5天内，内部温度即可达30～40℃，此后继续升温至60℃以上，并保持一周。在这一周内，可杀死危害人体健康和作物生长的病原菌、寄生虫卵和杂草种子等，使有机肥达到无害化的效果。一般堆制1～2个月后即可使用。由于堆内外的温度不均匀，因此，要求每隔20天左右翻动1～2次，将处于外围腐熟程度差的有机肥移至中间，以促进有机肥均匀熟化和杀死有害生物。

与自然发酵相比，堆肥时添加微生物制剂可以缩短堆放时间，减少养分损失，提高肥料的质量。据试验，EM菌发酵与自然发酵相比，堆肥的含水量降低，而有机质、氮、磷、钾含量明显提高。所以，在有机肥的无害化处理过程中添加微生物制剂显得十分必要。如当地市场上无法买到微生物制剂，也可自行配制。配制所需的原料包括米糠、油粕（油料种子榨油后的残渣，如菜籽饼、花生饼和大豆饼等）、豆渣和酵母粉等。方法为先将8%的糖溶于50%的水中，然后分别加入14.5%的米糠、14%油粕、13%豆渣和0.5%的酵母粉（均为重量比），充分搅拌混合均匀后，在30℃以上的温度下保持30～50天后即可使用。有时也可将发酵微生物液与等量的草炭粉或沸石粉拌和后应用。

除采用堆制法对有机肥进行无公害处理外，有沼气发酵条件的地方，也可采用沼气处理。动植物废弃物在厌氧条件下也可达到很好的无害化效果。

50. 茶园肥料如何选购？

茶园所需的肥料种类较多，包括有机肥和不同营养成分的速效

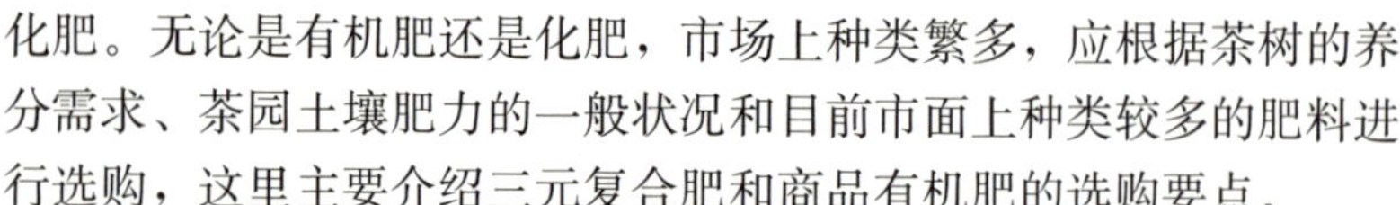

化肥。无论是有机肥还是化肥，市场上种类繁多，应根据茶树的养分需求、茶园土壤肥力的一般状况和目前市面上种类较多的肥料进行选购，这里主要介绍三元复合肥和商品有机肥的选购要点。

三元复合肥是指含有氮磷钾三种营养元素的复合肥或复混肥。首先看氮肥的形态，是铵态氮、酰胺态氮还是硝态氮。茶树喜好铵态氮和酰胺态氮，但不喜欢硝态氮，所以要选铵态氮和酰胺态氮加工的复合肥。如果是硝态氮加工的复合肥，包装上会标注“硝态氮”或“硝基”复合肥，这种复合肥不适合在茶园中施用；包装上没有标注“硝态氮”或“硝基”的复合肥，氮肥形态默认为铵态氮和酰胺态氮，茶园可以施用。其次看钾肥的形态，是硫酸钾型还是氯化钾型。对于成龄茶园，两者都能施用，当然，硫酸钾型复合肥还含有硫素养分，增产提质效果更好。但对于幼龄茶园，要选用硫酸钾型复合肥，氯化钾型复合肥最好不用。因为幼龄茶树对氯离子比较敏感，容易导致氯害。最后是看氮磷钾总量及三种养分的相对含量，氮磷钾总养分含量高的，价格较高，但茶园施用量可适当减少；从茶树对不同养分的需求看，要求氮含量相对较高，钾含量次之，磷含量相对较低，且复合肥中水溶性磷含量应占40%以上，水分含量低于5%。必须指出的是包装上氮磷钾以外的中微量元素只作为购肥时的对比参考，不应计算在总养分内。有些肥料标注如“45%NPKCaMgS”，是在误导消费者，把钙镁硫的含量也算进去了，其实氮磷钾总养分含量远低于45%。另外，选购复合肥时还要看商标以及厂家和产地等，大品牌肥料的质量更有保障。

和生产复合肥的厂家相比，生产有机肥的厂家相对较小、生产技术水平不高，导致市场上有机肥质量参差不齐。因此，正确选购商品有机肥显得尤为重要。第一，看有机肥原料是否优质。动物粪便、动物加工废弃物、饼肥、作物秸秆、枯枝落叶和木屑等动植物废弃物是加工有机肥的主要原料，其中饼肥、海产品加工废弃物、菌体蛋白、氨基酸、腐殖酸等为原料的有机肥氮含量较高，肥料质量较好；而有污泥、塘泥成分的有机肥质量低劣。第二，看有机肥发酵是否完全。发酵完全的有机肥不会有冲鼻的味道，更不会有刺鼻的粪便味，有机肥外形呈粉状或颗粒状，没有杂质。第三，看养分和水分含量。有机肥农业行业标准规定，有机质和氮磷钾养分总量应分别达到30%和4%以上，当然，养分含量越高的有机肥质量越好，以畜禽粪便为原料加工的有机肥氮磷钾总量一般可达6%以上；另外，要求含水量在30%以下，抓起一把有机肥捏在手上松开后，肥料能自然散开。第四，看颜色，经过堆制处理的有机肥呈褐色或黑色，一般颜色越深有机质含量越高。另外，微生物有机肥是指用特定微生物菌种培养生产的具有活性微生物的有机肥，有效活菌数（CFU）在0.2亿/克以上，这种有机肥在有土壤障碍因子的土壤中施用效果较好，一般土壤施用普通有机肥就可以了。

51. 茶园基肥如何施用？

基肥是指当年茶树基本停止采摘或入秋后施入的肥料。基肥对补充当年采摘茶叶带走的养分，增加茶树体内养分积累，提高翌年茶叶产量和品质，特别是春茶早发、旺发和肥壮有着重要的作用。另外，基肥对于增强茶树越冬抗寒能力，提高对“倒春寒”的抗性也有明显效果，是一年中茶园最重要的肥料。茶园基肥的施用要掌握下列技术要点。

（1）有机肥与无机肥配合。基肥应以有机肥为主，适当配施化肥。在当前茶园土壤肥力水平下，对我国绝大多数茶园而言，有机肥的施用量是越多越好。一般要求每年每亩施饼肥150千克或商品有机肥300千克以上，并配施高浓度氮磷钾复合肥20千克。氮肥占全年氮肥用量的30%左右，磷钾肥可以在基肥一次施入。

（2）早施基肥。茶树根系的活力和吸收功能随着温度的降低而减弱，早施基肥有利于抓住茶树根系生长和养分吸收的高峰期，并延长茶树对基肥的吸收时间，充分发挥基肥的肥效。据中国农业科学院茶叶研究所在杭州的研究，9月15日施基肥的茶树，越冬叶的叶绿素总量和全氮量明显高于10月25日或12月5日施基肥的茶树；越冬芽中施入肥料氮的比例，9月15日施基肥的茶树占

34.7%，而12月5日施基肥的茶树仅占2.5%。这充分说明早施基肥有利于改善茶树的生理机能，提高肥料养分的利用率。我国长江中下游广大茶区，茶树地上部一般在10月中下旬开始进入休眠期，9月下旬至10月底茶树根系生长较为活跃，到11月下旬时根系活动基本停止。因此该地区茶园要求在9月中下旬至10月底施基肥。在严冬季节施肥，不但开沟时损伤的根系难以恢复，而且肥料利用率低，对翌年春茶的贡献率小。

（3）与深耕结合，适当深施。茶树的吸收根主要分布于土壤深度10～30厘米处，把基肥施在茶树根系附近，有利于茶树的吸收，减少养分流失，提高肥料利用率。同时，由于追肥基本施于土壤表面，导致表层土壤肥力水平较高，而底层土壤肥力较低，基肥深施能明显提高底土的肥力水平，诱导茶树根系向纵深发展，增强茶树的抗旱和抗寒能力；基肥和深耕相结合，有利于改善土壤水、肥、气、热条件，提高供肥能力，促进根系更新。所以，施基肥应与深耕相结合，可以先在茶树行间挖深度20厘米左右的沟，施肥后立即覆土；或先在茶园行间施肥，然后深翻或机耕，把肥料混入土中。

52. 茶园追肥如何施用？

追肥是指在茶树地上部生长期间施用的速效肥料。茶树在其年生长周期中对养分的吸收利用有着明显的季节性和轮次性，不同季节由于茶叶产量和品质的差异，对养分的需求也有区别。因此，在施基肥的基础上，须重视追肥的施用。施用追肥应注意下列技术要点。

（1）施肥次数。对于只采春茶，不采夏秋茶的茶园，每年追肥2次，分别是春茶前的催芽肥和春茶后的春追肥；对于既采春茶，又采夏秋茶的茶园，追肥3次，除催芽肥和春追肥外，夏茶结束后再施1次追肥；对于机采大宗茶的茶园，则最好每次机采后施1次肥。

（2）肥料品种。通常施用速效化肥，特别是氮肥，包括尿素、

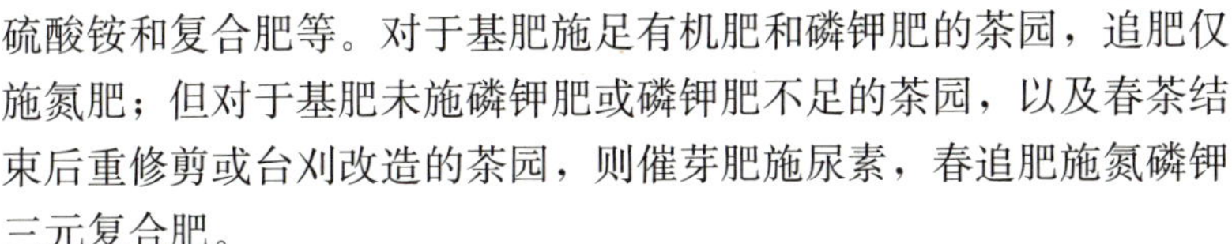

硫酸铵和复合肥等。对于基肥施足有机肥和磷钾肥的茶园，追肥仅施氮肥；但对于基肥未施磷钾肥或磷钾肥不足的茶园，以及春茶结束后重修剪或台刈改造的茶园，则催芽肥施尿素，春追肥施氮磷钾三元复合肥。

（3）施用量。茶树在3—10月的生长季节养分吸收量占全年吸收总量的65%～70%，秋冬季占30%～35%。因此，茶园追肥的用量一般占全年用肥总量的60%～70%，每次用量按施肥次数均摊，如一基二追的茶园，基肥占40%，催芽肥和夏追肥各占30%。具体用量一般每年每亩氮肥用量（按纯氮计）为20～30千克，氮磷钾比例按（2～5）∶0.5∶1计算。

（4）追肥时间。催芽肥的施用时间特别重要，要求早施催芽肥。开春后，茶树根系活动的时间比茶芽要早，尽管茶芽尚未萌动，但根系吸收养分的能力随着春天气温的回升已明显恢复；施入土壤的肥料，茶树吸收利用也需一定的时间。所以，早施催芽肥有利于促进春茶早发、多发、快长，提高肥料对春茶的贡献率。据杭州龙井茶区的试验，3月下旬施催芽肥，对春茶的贡献率只有12.6%，而对夏茶的贡献率达24.3%，秋茶为7.8%。将催芽肥施用时间从3月13日提前到2月13日，春茶的发芽密度、百芽重明显增加，春茶和明前龙井茶产量分别提高了12%和23%。催芽肥要求在春茶开采前30～50天施用；其他追肥一般在茶季结束或采摘后立即进行；秋追肥如遇“伏旱”则不施。

（5）施肥的方法。最理想的方法是在茶树行间沟施，沟深10厘米左右，施后覆土，或撒施后浅耕除草。但由于目前劳动力成本高，如采用撒施，则必须看天气，可以在雨后茶树表面露水干后在茶树行间均匀撒施，也可以在小雨前进行。切忌在大雨前后进行，以免养分流失或转化为NH_3和N_2O挥发损失。

53. 叶面肥有哪些特点？

叶面肥是以叶面吸收为目的，将作物所需养分直接施用于叶面的肥料。茶树叶片除进行光合作用外，还有吸收养分的功能。外来养分可通过叶片的气孔进入内部，或者通过叶片表面角质层化合物分子间隙向内渗透进入叶肉细胞，有些叶面肥如尿素等物质对表皮细胞的角质层有软化作用，可以促进其他营养物质的渗入，从而被叶片吸收。叶面施肥具有下列优点。

（1）养分吸收快。茶树叶面吸收的养分能很快地输送到各个组织和器官中，特别是输送到生长比较活跃的幼嫩新梢。茶树叶面喷施的养分一般能在 24 小时内完全吸收，其中前 8 小时内吸收的养分占多数。

（2）肥料利用率高。叶面施肥不受土壤对养分淋溶、固定、转化、生物等因子的影响，用量少，养分利用率高，施肥效益好；对于施用量少、易被土壤固定的微量元素肥料更为有利。叶面喷施微量元素肥料的利用率一般是土壤施肥的 5 倍以上。

（3）增强茶树活力。叶面肥能活化茶树体内的酶系统，增强茶树根系的吸收能力。如叶面喷施钾、硼、锌肥有助于根系对磷、氮、硫的吸收，从而促进茶树生长发育，提高茶叶产量和品质。

（4）提高不良环境下茶树养分的吸收能力。叶面施肥受外界环境条件的影响较小，当茶树根系在不良环境条件下影响养分吸收时，叶面肥能有效地为茶树补充养分。如夏季“伏旱”期间，无法土壤施肥，叶面肥能弥补茶树生长对养分和水分的需求；又如在早春时，由于地温回升慢，土壤含水量低，根系吸收能力受到限制，此时喷施叶面肥对春茶的早发、快长有明显的促进作用。叶面肥还可避免因土壤施化肥过多造成的环境污染。

尽管叶面施肥具有上述诸多优点，但必须指出的是叶面施肥提供养分的数量有限，只能作为茶树吸收营养成分的一种补充（弥补根系吸收养分的不足），叶面施肥不能代替土壤施肥。因此，叶面施肥必须与土壤施肥相结合，并以土壤施肥为主。

54 叶面肥有哪些种类？如何施用？

茶树叶面肥的种类很多，根据其作用和功能可把叶面肥概括为四大类：营养型叶面肥，这类叶面肥含有氮、磷、钾及中微量元素等养分，能为茶树提供各种营养元素；调节型叶面肥，含有调节茶树生长的物质，如生长素、激动素等，茶叶生产上不建议施用这类叶面肥；生物型叶面肥，含微生物及其代谢产物，如氨基酸、核苷酸、核酸类物质等，对刺激茶树生长、促进代谢、提高茶叶品质、减轻和防止病虫害的发生均有一定的作用；复合型叶面肥，这类叶面肥种类繁多，复合混合形式多样，其功能也多样化，既可提供营养，又可刺激生长、调控发育等。因此，在选购茶树叶面肥时，应根据其作用和功能有针对性地选择。为充分提高叶面肥的效果，施用时应注意下列技术要点。

(1) 合适的喷施浓度。在一定浓度范围内，养分进入叶片的速度和数量，随溶液浓度的提高而增加，但浓度过高容易发生肥害，尤其是微量元素肥料和生长调节型叶面肥，应严格按照推荐的施用剂量进行喷施。

(2) 适宜的喷施时间。叶片吸收养分的数量与溶液湿润叶片的时间长短有关，湿润时间越长，叶片吸收养分越多，效果越好。因此，叶面施肥最好在傍晚无风的天气进行。在有露水的早晨喷施，会降低溶液的浓度，影响施肥的效果。在中午烈日下喷施，不仅吸收量少，还容易灼伤叶片。雨天或雨前叶面追肥，养分易淋失，施用效果差。所以，喷后8小时内如遇雨，应补喷一次。

(3) 均匀的喷施方法。喷施叶面肥应均匀、充分，尤其要注意尽量把叶面肥喷洒到叶片的背面，因为叶片背面气孔较多，吸收速度快，吸肥数量也明显比叶片正面多。

(4) 喷施次数不应过少。叶面追肥的浓度一般较低，每次的吸收量很少，与茶树的需求量相比要低得多。因此，对于有较高需求量的叶面肥最好喷施2～3次，每次间隔7～10天。

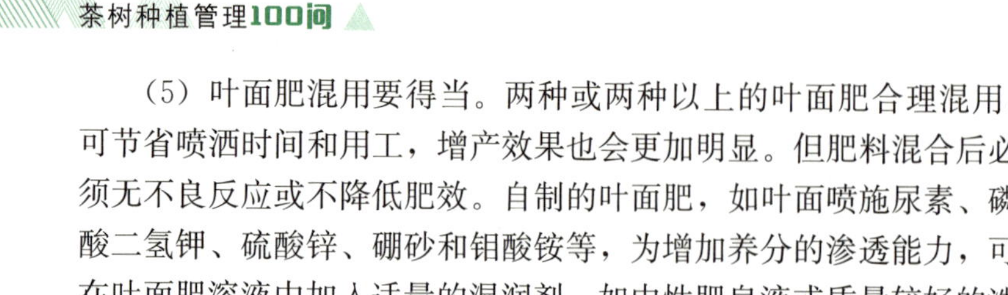

（5）叶面肥混用要得当。两种或两种以上的叶面肥合理混用，可节省喷洒时间和用工，增产效果也会更加明显。但肥料混合后必须无不良反应或不降低肥效。自制的叶面肥，如叶面喷施尿素、磷酸二氢钾、硫酸锌、硼砂和钼酸铵等，为增加养分的渗透能力，可在叶面肥溶液中加入适量的湿润剂，如中性肥皂液或质量较好的洗涤剂等，以降低溶液的表面张力，增加与叶片的接触面积，提高叶面追肥的效果。

55. 茶园控释肥或缓释肥的特点是什么？如何施用？

控释肥是通过包膜技术来控制养分的释放速度，达到安全、长效、高效供应养分的新型肥料。缓释肥与控释肥基本相同，其含有的养分在土壤中释放缓慢或者养分释放速度可以得到一定程度的控制，以供作物持续吸收利用。控释肥控制养分释放的速度更好，是现代肥料发展的方向。控释肥或缓释肥一般通过包膜、包裹、添加抑制剂等方式，使肥料的分解、释放时间延长，有利于提高肥料养分的利用率，延长肥料有效期，提高茶叶产量和品质。

茶树是典型的多年生喜铵叶用作物，施氮量高，氮肥利用率较低。茶树控释肥通过包膜和添加脲酶抑制剂或硝化抑制剂的方式，调控养分供应和形态转化速率，使肥料养分供应速度、形态与茶树需求基本匹配，从而延长肥料养分供应期，提高养分利用率，简化施肥技术，减轻环境污染。

茶树控释专用肥有基肥型和追肥型两种。基肥型控释有效期为6个月左右，追肥型为3个月左右。这两种肥料与尿素等速效化肥配合施用。对于绝大多数茶园按“一基二追”施用。基肥按纯氮150千克/公顷计算，其中控释肥占70%，速效化肥（复合肥或尿素）占30%；春茶催芽肥施速效化肥，施纯氮80～100千克/公顷；春茶结束后施追肥，按纯氮100～120千克/公顷计算，其中追肥型控释肥占70%，速效化肥（复合肥或尿素）占30%。控释肥要求沟施，沟深10厘米左右，施肥后覆土。需要指出的是控释肥前期养分释放较慢，用作追肥时要求与不包膜的速效肥配合施用；控释肥作基肥时，配合施用有机肥的效果更好。

56. 白化型茶树品种如何施肥？

新梢白化型茶树是一类叶色特变型品种，具有春季或全年芽叶呈白色或黄色，并可发生可逆性返绿，氨基酸含量特高、茶多酚含量较低的特征。白化型茶树是一类珍稀的茶树品种，加工的茶叶滋味鲜爽、苦涩味低，是制作名优绿茶的优质原料。白化型品种常见的有安吉白茶、景宁白茶、中白系列品种、中黄系列品种、黄金芽、郁金香等。

白化型茶树在特定条件下新梢因叶绿素缺乏而呈现白化现象，因其色素含量水平的差异，叶色呈全白色、乳白色、浅黄色、金黄色、白绿或黄绿色相间等。这些色泽是白化型茶叶优良品质的象征。因此，在茶树栽培和施肥过程中，保持这些色泽十分重要。由于氮是叶绿素的重要组成成分，施氮会增加叶片叶绿素含量，导致很多茶农不敢施用氮肥，生产上，很多茶农只施复合肥或有机肥。这是片面的，虽然氮是叶绿素的组分，但只有缺氮或过量施氮时，施氮才会显著提高叶绿素的含量，适量施氮并不会使茶叶叶绿素含量显著增加。另外，氮也是氨基酸的重要组分，如果缺氮，茶叶氨基酸含量也会降低，从而影响白化型茶叶的品质。因此，只要不过量施氮，不仅不会影响白化型茶的色泽，相反，还有利于提高氨基酸含量，提高茶叶品质。

目前，绝大多数白化型茶树品种以生产名优茶为主，只采春茶，不采夏秋茶。茶园施肥以“一基二追”为好，催芽肥用氮磷钾分别为15%的三元复合肥，每亩20千克左右，开采前30～50天施用；春茶结束后施尿素，每亩20～30千克；秋季基肥以有机肥为主，配施适量复合肥，如每亩施菜籽饼150～200千克，氮磷钾总养分45%三元复合肥10～15千克，基肥开沟深施，施后覆土。

57. 有机茶园如何施肥？

有机茶是指在原料生产过程中遵循自然规律和生态学原理，采取有益于生态环境可持续发展的农业技术，不使用合成的农药、肥料和生长调节剂，在加工过程中不使用合成的食品添加剂，并且经过特定机构认证，获得有机证书的茶叶及相关产品。有机茶园的基本原则是严禁施用各种化学合成的肥料和农药；禁止施用城市垃圾、工矿废水、污泥、医院粪便等各种有机无机废弃物。有机茶园强调施用有机肥，最好是就地取材，就地处理，就地施用，但当该系统内有机肥数量不足时，也允许采购未经污染和化学处理的有机肥，如各类饼肥和获得许可的商品有机肥。但禁止施用未经腐熟的新鲜人粪尿和家畜禽粪便等有机肥，施用的有机肥必须经过腐熟和高温发酵。有机茶园也允许施用天然的矿物肥料，如天然硫酸钾、磷矿粉等，但应注意磷肥的氟和铅含量，过高时不宜施用。当茶叶出现缺素或潜在缺素症状时，允许施用硫酸铜、硫酸锌、硼砂等微量元素肥料，但只能作叶面肥喷施。

对于有机茶园，不能施用化肥，只能施用有机肥和天然的矿物肥料，但含氮量高的矿物肥料几乎找不到。因此，有机茶园只能通过大量施用有机肥为茶树的生长发育提供养分。有机肥最好选择含氮量较高的品种，如菜籽饼、豆籽饼、鱼粉和其他海产品加工的废弃物，在施有机肥的同时，添加一定量的磷矿粉、天然硫酸钾、白云石粉、云母粉等，以提高肥料中磷、钾和镁等养分的含量。施肥时间以 9 月初至 10 月底为宜，有机肥用量是多多益善，如菜籽饼至少 150～250 千克/亩，施肥方法为沟施，沟深 20 厘米左右，施后覆土，或先施肥，然后用中耕机深翻入土。考虑到劳动力紧张，有机茶园施肥也可以 2～3 年一次，但每次有机肥施用量应加倍。

另外，有机茶园大多在山区，交通不便，为解决有机肥源问题，建议在有机茶园间作豆科绿肥，或划出一定比例的园地种植绿肥，或在有机茶园四周、道路两侧和茶园内种植一些可以疏枝的豆

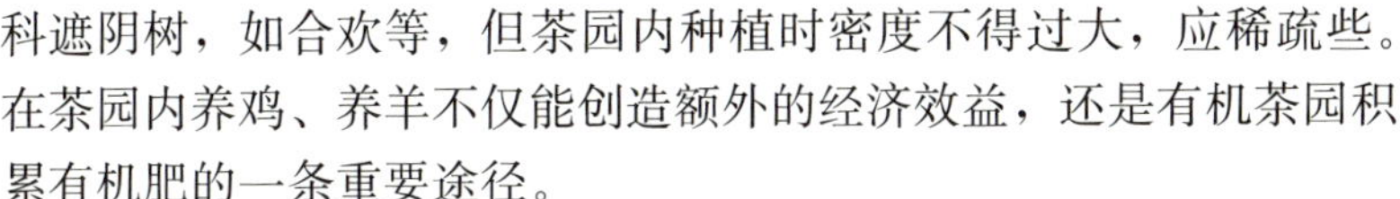
科遮阴树，如合欢等，但茶园内种植时密度不得过大，应稀疏些。在茶园内养鸡、养羊不仅能创造额外的经济效益，还是有机茶园积累有机肥的一条重要途径。

58. 严重酸化土壤如何改良？

茶树是典型的喜酸植物，适宜的土壤 pH 为 4.5～5.5。当土壤酸度不足或 pH＞6.5 时，茶树生长不良。并不是土壤越酸，茶树生长越好。土壤过酸，会降低茶树根系的再生能力，严重时甚至引起烂根。严重酸化的土壤，微生物的种类和数量明显减少，钙镁等盐基离子容易淋溶损失，导致土壤团粒结构或团聚体减少，土壤结构变差，养分平衡失调，土壤肥力降低，铅等重金属元素的生物有效性提高，从而影响茶树的生长发育，降低茶叶产量和品质。因此，对于严重酸化的茶园土壤，pH＜4.5 的茶园必须进行改良，逐渐提高土壤 pH，恢复土壤生态平衡，促进茶叶生产的持续健康发展。

（1）土壤改良物质。包括白云石粉、草炭、钙镁磷肥、草木灰和有机肥等物质。对于严重酸化的茶园土壤，最有效的改良剂是白云石粉。白云石粉是碳酸钙和碳酸镁（$CaCO_3+MgCO_3$）的混合矿物，经粉碎而成。各地白云石粉中钙和镁的含量不同。一般含镁量在 15%以上，它不仅可中和土壤中的酸度，还可以增加土壤盐基交换量，尤其是镁的含量。对于长期施氮和钾肥引起缺镁的茶园，使用白云石粉的效果更好。白云石粉要有足够的细度，要求 80%以上过 100 目。

（2）施用方法。由于施肥沟 pH 较低，采取土壤面施和沟施相结合的方法，即在茶树行间和茶丛间面施白云石粉，在茶树行间的施肥沟内施磷肥、有机肥与白云石粉或碳酸钙的混合物，面施与沟施物质的比例为（4～6）∶1。土壤酸化改良物质可于 9—10 月在茶园施基肥时同时施用；土壤面施的白云石粉也可在茶树重修剪后撒施。

（3）施用量。当土壤 pH 4.1～4.4 时，每公顷沟施钙镁磷肥 40 千克、白云石粉 160 千克，面施白云石粉 1 000 千克左右；土壤 pH 3.8～4.1 时，沟施钙镁磷肥 50 千克、白云石粉 200 千克，面施白云石粉 1 250 千克左右；土壤 pH<3.8 时，沟施钙镁磷肥 60 千克、白云石粉 250 千克，面施白云石粉 1 500 千克左右。土壤不缺磷时不施磷肥。

（4）其他注意事项。只有当土壤 pH<4.5 时才进行改良；面施的白云石粉应在茶树行间均匀撒施，切忌堆积在某一区域，导致部分土壤 pH 升高太快，这样不仅达不到预期的改良效果，反而会影响茶树生长，降低茶叶产量和品质。当土壤 pH 升高到 4.8 左右时暂停施用。

另外，对于酸化严重的茶园，在平常施肥时要注意多施生理碱性肥料，如钙镁磷肥、生物质炭、窑灰钾、草木灰等，少施或不施生理酸性肥料。多施有机肥，提高土壤缓冲能力，也是防止土壤酸化有效的技术措施之一。

59. 酸度不足土壤如何改良？

茶树是典型的喜酸作物，只有在 pH<6.5 的酸性土壤中才能生长。这是因为酸性土壤为茶树自身生长发育创造了适宜的环境条件，如土壤所含的低钙高铝符合茶树的营养需求，根系分泌的有机酸对土壤有较强的缓冲能力，给茶树共生的菌根真菌提供了理想的共生环境等。当土壤 pH>6.5 时，茶树生长缓慢，叶片发黄，芽稀、瘦小，叶片簇生，顶芽萎缩，细根稀少，粗根发黑，呈螺旋状生长，根尖糜烂、坏死，茶树越长越小，直至死亡。pH 过高的茶园一般出现在石灰岩、石灰性或碳酸性砂岩和页岩等风化的土壤上，因选地不当而发展成茶园；也有原为屋基、坟地、庙址等，为了集中连片，发展成茶园。pH>7.0 的土壤改良比较困难，坚决不能种茶。对于 pH 6.5～7.0 的土壤则可以通过改良降低土壤 pH，使之满足茶树的生长发育要求。

（1）改良物质。常用的土壤改良剂有硫黄粉、绿矾（硫酸亚铁）和明矾（硫酸铝钾）等。另外，生理酸性肥料如硫酸铵、尿素、过磷酸钙、氯化钾和硫酸钾等也有一定的效果，对于pH偏高的茶园，平时施用这些肥料较好。

（2）施用量。对于pH 6.6～7.0的茶园，每亩施硫黄粉50～60千克，15个月后施肥沟中的土壤pH能降到5.0～6.0；施150千克硫黄粉，15个月后土壤pH能降到4.0～5.3。如用绿矾和明矾，每亩施20～30千克，每年施用，当pH下降到5.5左右时即可停止施用。

（3）施用方法。茶树种植前，最好采用土壤面施加沟施的方法，即将硫黄粉等改良剂在土壤表面均匀撒施，然后通过深翻和耕作与土壤混匀，种茶树的种植沟再施一些硫黄粉，与沟内土壤混合，并在种植前1个月施用。当土壤pH降到5.5以下时停止施用。

另外，对于土壤酸度不足的茶园，还要配合农业措施，平时多施生理酸性肥料，如硫酸铵、硫酸钾和过磷酸钙等，少施或不施偏碱性的肥料，如石灰氮、生物质炭、碳酸氢铵、钙镁磷肥、磷矿粉等。对于原为屋基、坟地、庙址等改建的茶园，因外来的石灰数量过多，导致局部地段茶树生长不良，可采取换土的方法加以改良。即将石灰含量过高的土壤挖走，填入酸度大的生荒土，配合施有机肥来改良土壤。无论是采用化学措施还是农业措施，最好在茶树种植前或幼龄期进行。

第四章 茶树修剪与采摘技术

60. 优质高效树冠有哪些基本条件？

为了充分提高茶叶产量、品质和经济效益，不但要求茶树采摘面上新梢数量多，单个新梢重量大，而且要求手工或机械采摘方便，采摘成本低；同时，茶树树冠光合作用强，茶树养分利用率高，对经济产量贡献大。为了达到这些目标，培养优质高效的树冠是其中一个必不可少的条件。概括来说，“壮、宽、密、齐、茂”是茶树优质、高产和高效树冠结构的基本要素，具体应符合下列基本条件。

（1）骨干枝粗壮，分枝层次分明。接近地面的枝条粗壮，数量较少，随着分枝级数的递增，枝条变细，数量增加。优质高效树冠要求树冠下部的骨干枝粗壮，分布均匀，分枝层次分明，采摘面的生长枝健壮而茂密。

（2）高度适中。茶树根系吸收的养分和水分输送到地上部，叶片光合作用的产物运输到根系。树冠过高，在运输途中消耗较多，还不利于采摘和田间作业；树冠过低，难以形成宽广密集的采摘面。只有适中的树冠高度，才能保持一定幅度的采摘面和较高的养分利用率。对于机采平面树冠茶园来说，树高以 80～90 厘米为宜；手工采摘的立体树冠，则可达 1.0～1.2 米。在我国北方茶区，为了抗寒防冻，可培养成 60～70 厘米的低型树冠。

（3）树冠广阔，覆盖度大。在控制树高的前提下，保持茶园有较高的覆盖度是茶树高产优质的基本条件之一。茶园覆盖度以

90%为宜。覆盖度过大，茶园密不透风，往往细弱枝过多，对病虫害和不良环境的抵抗力较弱；但树冠狭窄，覆盖度过小，茶园裸露面积大，不仅水土冲刷严重，也难以优质高产。

（4）叶层厚度适当。茶树叶片既是采摘的对象，又是光合作用的器官。叶片留养过多，不但茶叶产量低，而且相互重叠的叶片影响光合作用，增加呼吸消耗。所以，保持适当的叶层厚度非常重要。对于机采的平面树冠，中小叶种茶树应有 10～15 厘米的叶层，大叶种则有 20～25 厘米的叶层；对于采摘名优茶的立体树冠，则应有 40～50 厘米的叶层。

61. 茶树为什么要进行修剪？

修剪是茶树最具特色的栽培技术措施。优质高效树冠的培养主要是通过修剪完成的，修剪不但使茶树形态发生变化，如骨干枝分布均匀、层次分明，采摘面平整和有较大的覆盖度，而且使生理发生显著的变化，如促进营养生长，增强氮素代谢等，从而提高茶叶产量和品质。茶树修剪有以下作用。

（1）改变树冠结构，培养优化树冠。茶树的分枝有单轴分枝和合轴分枝两种形式。其中幼年茶树顶芽极性生长，形成主轴系统，称为单轴分枝。随着树龄增加，顶端优势渐弱，侧芽生长加速，形成生长旺盛的侧枝，这种由侧枝替代主干生长的形式称为合轴分枝。幼年期茶树定型修剪可促进树冠向合轴分枝发展，使分枝层次分明，扩大树冠覆盖度；壮年期茶树通过轻修剪和深修剪，调节分枝级次、数量和粗度，控制树冠高度，平整采摘面；衰老茶树通过重修剪和台刈更新树冠，提高茶树生长势。

（2）抑制顶端优势，刺激腋芽萌发。茶树的顶芽首先萌发生长，腋芽处于受抑制的状态，这种顶芽生长的优势现象称为顶端优势。通过修剪或采摘去除顶芽，解除了顶端优势，可促进腋芽生长，有利于培育高产优质树冠。幼龄茶树定型修剪后，剪口下的侧芽萌发生长形成侧枝，促进了骨干枝和树冠的形成。成年茶树轻修

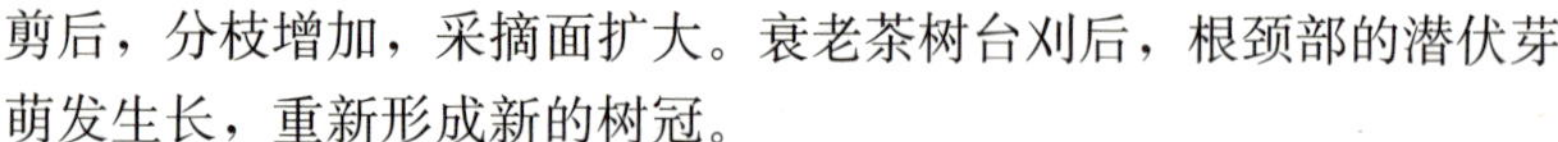

剪后，分枝增加，采摘面扩大。衰老茶树台刈后，根颈部的潜伏芽萌发生长，重新形成新的树冠。

（3）调节根冠平衡，根深叶茂。茶树树冠和根系的生长是既相互矛盾又相互依存的统一体。“根深叶茂”“叶靠根养，根靠叶长”反映了树冠和根系的平衡关系。当地上部长势较弱时，通过修剪打破了根冠之间的平衡，茶树根系贮存的营养物质和吸收的矿质养分等会集中向上输送，刺激地上部迅速恢复生长，促进侧芽和新梢生长；更新的树冠生长旺盛，反过来提供更多的同化物质促进根系的生长，从而使整株茶树恢复活力。

（4）改变碳氮比，抑制生殖生长。茶树的碳氮比是指茶树体内的有机营养（主要是碳水化合物，以碳表示）和无机营养（主要是氮素，以氮表示）之间的比例。碳氮比可以调节植物的营养生长和生殖生长，当碳氮比偏大时，植物倾向于开花结实；当碳氮比偏小时，植物的营养生长占优势。茶树修剪，剪去了含碳量较高的细弱、老化的结果枝，含氮量较高的新生枝条取而代之，降低了茶树碳氮比，抑制了生殖生长，促进了营养生长。

（5）促进新陈代谢，提高茶叶品质。修剪打破了茶树体内的生理平衡，导致新陈代谢发生显著的变化。修剪提高了茶树整体的生理机能，茶树对氮素等矿质养分和水分的吸收能力提高，酶活性增强，茶叶氨基酸和茶多酚含量提高，而纤维素含量降低，从而有利于提高茶叶品质。

62. 茶树修剪的种类有哪些？如何选择？

为了培育优质高效树冠，方便采摘，提高茶叶产量和品质，茶树修剪是最重要的技术手段之一。目前，我国推广应用最多的修剪方式有定型修剪、轻修剪、深修剪、重修剪、边缘修剪和台刈等。这些修剪方式应用于不同发育阶段和生育状况的茶树。

（1）定型修剪。主要应用于幼龄茶园。茶树种植后的3～4年，茶树成龄前一般需要进行3次定型修剪，抑制顶端优势，促进分枝，培养树冠骨架，扩大树冠。茶树台刈改造后，也需要进行1～2次定型修剪，促进骨干枝的形成，重新培养树冠。

（2）轻修剪。成龄茶园整理树冠表面的修剪方式。主要用于机采前平整树冠，或手采茶园为方便采摘、提高采摘效率剪去树冠表面的突出枝条，或茶树越冬前树冠表面有幼嫩新梢时，为了有利于茶树安全越冬和翌年新梢按时萌发，将这些嫩叶嫩梢剪去。

（3）深修剪。成龄茶树经多次采摘，在树冠表层产生许多细弱的分枝，这种枝条养分运输不畅，育芽能力弱，容易枯死，俗称"鸡爪枝"或结节枝。这样的树冠需要采用深修剪，剪去"鸡爪枝"，降低树冠高度，复壮树势，提高育芽能力。

（4）重修剪。当茶树过高，或树冠表层有许多细小的"鸡爪枝"，深修剪已无法恢复树势时采取的修剪方法。对于成龄茶园，春夏秋全年手摘或机采的茶园，一般3～5年进行一次重修剪，而对于只采春季名优茶的立体树冠茶树，为降低树冠高度需要每年进行一次重修剪。

（5）边缘修剪。茶树经过深修剪或重修剪后，茶行两侧的部分枝条没有剪到，采用单人修边机对这些枝条进行修剪，并在行间留出20厘米左右空隙，以利田间作业和通风透光。边缘修剪是对深修剪或重修剪茶树的辅助修剪方式。

（6）台刈。衰老茶树彻底更新复壮树冠的一种修剪方式。对于绝大多数茶园，即使树龄高达60年左右，重修剪后能长出旺盛新梢的茶树仍不需要台刈，只有骨干枝极其衰老，基部长出徒长枝的茶树才需要台刈。选择台刈一定要慎重，不要轻易台刈，否则不但降低茶叶产量和品质，而且影响茶树的经济年限。

63. 幼龄茶园如何进行定型修剪？

定型修剪是幼龄茶树控制高度、促进分枝、培育骨干枝、扩大树冠的修剪方式。定型修剪是优质高效树冠骨架培养最重要的修剪方式，除用于幼龄茶树外，也适用于台刈改造后树冠骨架的培养。

幼龄茶树种植后，定型修剪一般进行3次，在3年内完成，每年进行一次。第一次定型修剪是当幼龄茶苗树高达到30厘米以上，离地5厘米处茎粗超过0.3厘米时，于移栽后在离地15～20厘米处对茶苗进行修剪。修剪时用整枝剪只剪主枝，不剪侧枝，不要剪破叶片，剪口要光滑，以利伤口愈合。对于生长较差，苗高20厘米左右的茶苗，移栽时打顶，定型修剪推迟到翌年进行。

第二次定型修剪是茶苗生长一年后，在第一次剪口的基础上，提高10～15厘米，即在离地30厘米左右处进行修剪。修剪一般在春茶前进行，可用篱剪按高度剪平；对于长势旺盛的茶树，也可在第一批春茶打顶后进行，打顶只采30厘米以上的新梢。春茶后期和夏秋茶留养，不要采摘，以迅速扩大树冠。

第三次定型修剪是再经过一年的生长，在第二次剪口上再提高10～15厘米，即在离地40厘米左右处用篱剪将蓬面剪平。修剪一般在春茶前进行，但对于树势旺盛、采制名优茶的茶园，可以在第一批春茶采摘后立即进行。夏秋茶留养或打顶养蓬。

幼龄茶树经过3次定型修剪后，树冠迅速扩大，分枝层次和骨架基本形成，翌年起可正常采摘。需要特别指出的是定型修剪不能“以采代剪”。虽然采和剪都能解除顶端优势，促进侧枝和腋芽的萌发。但采摘的对象是嫩梢，修剪的对象是木质化枝条。以采代剪，使枝条过分密集、短小、纤细，难以培养数量合理、分布均衡、质地健壮的骨干枝，影响茶树的持续健康发展。

64 成龄采摘茶园如何进行轻修剪？

正常采摘的成龄茶园，由于留养的需要，树冠不断提高，表层枝梢也呈越采越细的趋势；同时，由于营养芽所处的部位、萌发能力和生长量各不相同，使树冠表面的枝梢参差不齐。为了控制高度，平整树冠，方便采摘，生产上常常需要进行轻修剪。

轻修剪的方法有两种，即轻修剪和修平。轻修剪是将生长年度内的部分枝叶剪去，一般在上次剪口基础上提高3～5厘米进行轻度修剪，或剪去树冠面上的突出枝条和树冠表层 3～10 厘米的枝叶。春夏秋三季采摘的茶园，轻修剪一般每年一次，如果树冠整齐，生长旺盛，也可隔年一次。修平只剪去茶树冠面上突出的枝条，平整树冠，以便于采摘，一般多用于机采的有性系品种茶园。这是由于机采茶园树冠较平整，但叶层较薄，适当留养可增加叶面积指数，在留养期间，有性系品种的部分枝条生长较快，为了提高机采茶叶的质量，需要进行修平。另外，生产枝粗壮、发芽能力强、隔年轻修剪的茶园，常在不轻修剪的这一年进行一次剪平，以平整树冠。

轻修剪是所有修剪措施中程度最轻的，它对茶树体内贮藏养分和环境条件的要求较低，原则上一年四季均可进行。生产上应用较多的轻修剪时期有早春、春末夏初和秋末。早春修剪，对分枝较密、发芽较早的品种如龙井 43 和碧云等会推迟发芽期，降低春茶产量，但对分枝较疏、发芽较迟的品种如苔茶影响不大；春茶后轻修剪对夏茶产量的影响较小；轻修剪无论是春茶前还是春茶后，对全年产量影响不大。在确定具体的轻修剪时期时，应根据当地的气候、品种和茶叶生产情况等灵活掌握。对于多数茶园，特别是早春采制名优茶的茶园来说，以秋茶后或春茶后轻修剪为宜，不应在春茶前进行，以免推迟春茶开采期，并导致春茶减产。对于江北茶区或江南海拔较高的茶园，冬季易发生冻害，适宜在春茶后轻剪，如树冠表层枝叶明显受冻时则应在早春轻剪，剪去表层受冻枝叶。夏秋季降水少、气温高、干旱时间长的地区，不宜在夏茶后进行轻修剪，否则剪后的枝条容易灼伤，影响茶叶产量和树势恢复。

轻修剪的周期对多数茶园来说以一年一次为好，但北方或海拔较高的茶区，茶树生长期短，可隔年一次；生长势旺盛，采摘及时，树冠面平整的，可隔年一次；重修剪或深修剪周期较短的茶树，可隔 2～3 年一次；相反，重修剪或深修剪周期较长的，宜年年轻修剪。轻修剪的树冠形状有弧形、水平形、屋脊形和斜坡形等。从有利于机采的要求看，弧形和水平形树冠较好。

轻修剪主要针对机采茶园或手采大宗茶需要平面树冠的茶园。

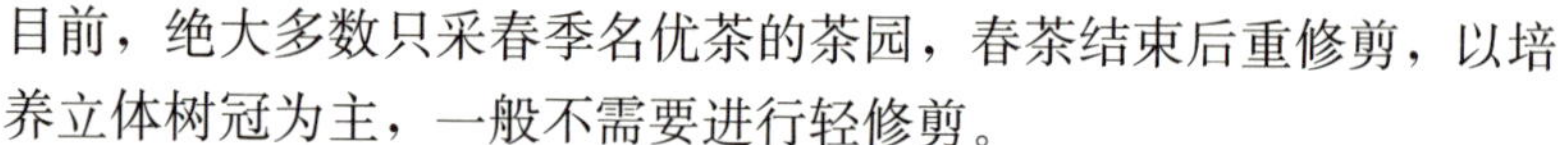

目前，绝大多数只采春季名优茶的茶园，春茶结束后重修剪，以培养立体树冠为主，一般不需要进行轻修剪。

65. 茶树深修剪如何进行？

深修剪又称回剪，茶树经过多次采摘和轻修剪后，树高增加，树冠面上有浓密而细小的分枝，俗称“鸡爪枝”或结节枝。这种枝条细小，育芽能力弱，养分运输不畅，容易枯死。对这样的茶树需采用深修剪，剪去“鸡爪枝”，降低树冠高度，复壮树势，提高茶树育芽能力。

深修剪的深度以剪除“鸡爪枝”为原则，一般剪去树冠表层15～20厘米的枝叶。深修剪在春茶结束后进行，用修剪机剪去表层枝叶。深修剪后的茶树叶面积锐减，甚至没有叶片，应留养一季夏茶，秋茶可打顶轻采；对于采摘名优茶的茶园，留养夏茶和前期秋茶，秋末采制名优茶。茶树深修剪后，新形成的生产枝略有增粗，育芽能力增强，为控制树冠高度，应与轻修剪相配合。一般深修剪后应每年或隔年轻修剪一次，轻修剪数年后深修剪一次。这样轻修剪和深修剪交替进行，可较长时间保持采摘面上有旺盛的生长枝，延长茶树的高产优质年限。

茶树深修剪的周期视茶园管理水平和茶树蓬面生产枝育芽能力强弱而定。管理水平高，生产枝育芽能力强的，可适当延长深修剪的周期；相反，则应缩短深修剪的周期。茶树深修剪后由于对茶树的刺激较大和留养，对当年和翌年茶叶产量有一定的影响，但对茶叶品质有利，深修剪后茶树新梢百芽重、持嫩性和正常芽叶比例均有明显提高，氨基酸含量增加，酚氨比降低。修剪对茶叶品质的刺激作用随着修剪后时间的延长而减弱。对于采摘大宗茶，以产量为目标的茶园，深修剪周期一般控制在5年左右；对茶叶品质有较高要求，特别是采摘名优茶的茶园，深修剪周期宜缩短，一般控制在2～3年；夏秋茶留养不采的名优茶园应每年1次，且与重修剪结合进行，当茶树较高时宜采用重修剪。

66. 茶树重修剪应注意哪些技术要点？

茶树经过多年的采摘和轻修剪、深修剪，树冠逐渐升高，上部枝条细弱，长出的芽叶瘦小，茶叶产量和品质下降，即使加强培肥管理或进行深修剪，也难以收到较好的效果。对于这类树冠虽然衰老，但骨干枝及有效分枝仍有较强生育能力的茶树，或因不采夏秋茶而树冠较高的茶园须进行重修剪改造树冠，恢复树势。

重修剪有两项关键技术参数，一是何时进行，二是修剪的高度是多少。重修剪是在春茶结束后立即进行，修剪越早，树势恢复越容易，对翌年产量越有利。这是由于重修剪剪去了大量的枝叶，茶树体内的贮藏营养用来恢复树势，而剪得迟，茶树体内的贮藏养分不但因地上部的生长不断减少，而且剪后恢复生长的时间也较短。茶树体内的贮藏营养以春茶萌动前最高，所以，从有利于剪后茶树恢复来说，春茶前修剪是最好的。但是，春茶前修剪损失了当年的春茶，这对当前茶叶生产来说意义不大。因此，应当在收获春茶后尽快修剪。对发芽早、春茶结束早的品种，如乌牛早和龙井 43 可早剪，鸠坑种等发芽迟的品种可迟剪。总之，在春茶不采后立即进行，长江中下游茶区最迟不要晚于 6 月 10 日。重剪的高度一般剪去树冠的 1/3～1/2，通常离地 40～60 厘米剪去地上部树冠。切勿修剪过低，否则会明显降低翌年茶叶产量。试验表明，离地 30、45、60 厘米修剪，翌年茶叶产量分别为 134、271、307 千克/公顷，此后 5 年合计分别为 2 106、3 210、3 221 千克/公顷，可见，修剪高度越低，对产量的影响越大。

重修剪的方法有两种，一种是平剪法，即在设定的高度用修剪机或锋利的柴刀将上部枝叶全部剪（砍）去；另一种是肺形修剪法，即在每丛茶树的边缘留 3～5 枝骨干枝不剪，其余枝条全部剪（砍）去，经过一个多月的生长，当修剪枝条长出新梢后，再在同样的高度剪去留下的枝条，这种方法也叫留枝回剪法。我国绝大多数茶区采用的是平剪法，这种方法简便，容易操作。但热带茶区推

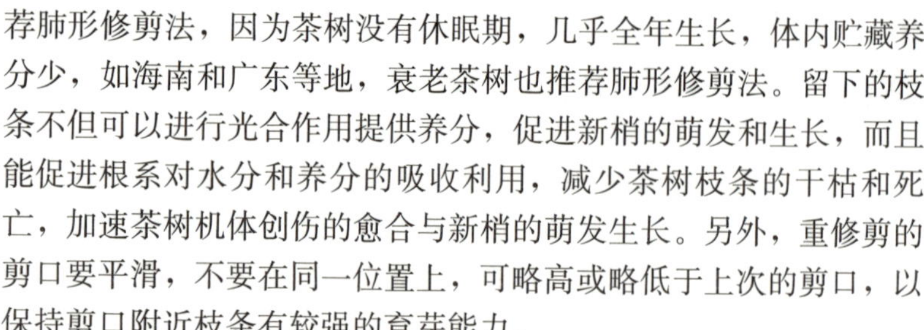

荐肺形修剪法，因为茶树没有休眠期，几乎全年生长，体内贮藏养分少，如海南和广东等地，衰老茶树也推荐肺形修剪法。留下的枝条不但可以进行光合作用提供养分，促进新梢的萌发和生长，而且能促进根系对水分和养分的吸收利用，减少茶树枝条的干枯和死亡，加速茶树机体创伤的愈合与新梢的萌发生长。另外，重修剪的剪口要平滑，不要在同一位置上，可略高或略低于上次的剪口，以保持剪口附近枝条有较强的育芽能力。

茶树重修剪的周期与茶园管理方式、茶树生长势等有关。对于只采春茶、不采夏秋茶、培养立体树冠的茶园，由于茶树较高，需每年进行一次重修剪，如果茶树不是太高，也可以重修剪和深修剪交替进行。但对于春夏秋三季均采摘大宗茶的茶园或机采茶园，由于树冠不高，可以 4～5 年进行一次重修剪；或重修剪和深修剪交替进行，重剪后过 3～4 年进行一次深修剪，再过 3～4 年进行一次重修剪。

67. 什么样的茶园需要台刈？为什么多数茶园不需要台刈？

台刈是一种彻底改造树冠的修剪方法，只有骨干枝极其衰老的茶树才需要台刈。这类茶树往往树冠叶片稀少，多数枝条丧失育芽能力，中小枝存在大量死亡现象，重剪后萌发的新梢不足 30 厘米，基部长出徒长枝，茶叶产量低、品质差，即使通过增施肥料和重修剪改造也难以获得良好的增产提质效果，只有这样的茶树才需要通过台刈更新树冠。

台刈是在茶树根颈处或离地 5～20 厘米处剪去地上部枝条。台刈要求剪口光滑，倾斜，切忌剪（砍）破桩头，以防止切口感染或滞留雨水，影响潜伏芽的萌发。所以，台刈应用锋利的弯刀斜劈或拉削，或用圆盘式台刈机切割。台刈的茶园往往产量较低，为有利于树势恢复，台刈时间以春茶前为好。台刈后的茶树会抽发大量的新枝，为培养骨干枝，最好进行疏枝，留下粗壮的 5～8 枝，保留新枝当年留养，第二年春茶前后在离地 30～35 厘米处定型修剪，第三年春茶后在离地 45 厘米左右再定型修剪一次，第四年起正常采摘。

生产实践和大量的试验研究表明，对于绝大多数茶园，台刈会显著降低茶叶产量！台刈虽能明显降低茶树地上部阶段发育年龄，更新树冠，促进营养生长。但台刈后抽发的新枝多而密，骨干枝培育困难，树冠表层生长的芽叶较为细弱，产量恢复缓慢。另外，经常台刈的茶树树冠矮小，茶园裸露面积大，水土流失严重，从而影响茶叶生产的可持续发展。因此，对于骨干枝粗壮，生育能力较强的茶树，即使树龄高达 60 年以上，也不要轻易台刈，而宜采用重修剪改造树冠。对于十分衰老的有性系品种茶树，采用换种改植的方法发展无性系良种能收到更好的效果。

68. 茶树修剪机有哪些？使用时应注意什么？

传统的修剪方式是用整枝剪、篱剪、台刈剪、锯和砍刀等工具进行人工修剪。目前，除了针对幼龄茶树定型修剪时还会用整枝剪和篱剪外，其他修剪方式均采用专用修剪机。修剪机修剪具有工效高、质量好、成本低等优点。

茶树修剪机的种类，依修剪目的不同可分为轻修剪机、深修剪机、重修剪机、台刈机和修边机等。轻修剪机和深修剪机由于修剪的枝条较为细小，多为往复切割式修剪机，其中轻修剪机刀齿细长，汽油机功率较小；深修剪机刀齿宽而短，汽油机功率较大。重修剪机有双人抬式和轮式两种，功率在 2.0 千瓦左右，刀齿宽而厚，能剪直径 10 毫米以上的枝条，由于机身较重，轮式重修剪机安装了行走轮，并有高度调节杆，以适应不同的修剪高度。台刈机切割枝条最粗，采用圆盘形锯片，由优质合金钢制造，圆盘直径有 230、250 毫米等，齿数有 40、80、120、160 齿等多种，可根据修剪枝条直径的粗细选配，台刈粗老树干时应选择齿数 80 齿以上，齿距较小（5～10 毫米）的圆盘锯片，小齿锯片切口平整，不会导致留茬枝干裂开，并且作业轻快，效率较高。

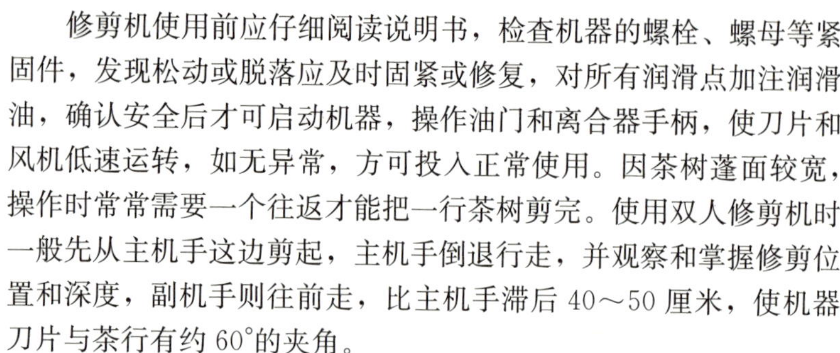

修剪机使用前应仔细阅读说明书，检查机器的螺栓、螺母等紧固件，发现松动或脱落应及时固紧或修复，对所有润滑点加注润滑油，确认安全后才可启动机器，操作油门和离合器手柄，使刀片和风机低速运转，如无异常，方可投入正常使用。因茶树蓬面较宽，操作时常常需要一个往返才能把一行茶树剪完。使用双人修剪机时一般先从主机手这边剪起，主机手倒退行走，并观察和掌握修剪位置和深度，副机手则往前走，比主机手滞后40～50厘米，使机器刀片与茶行有约60°的夹角。

69. 如何培养手采名优茶的立体树冠？

与以往整齐、相对低矮的平面树冠不同，国内目前有相当一部分茶园只采春季名优茶，不采夏秋茶，越冬前后也不对茶树进行修剪整平。由于树冠较高，树冠表层有密集的半木质化枝条，且枝条参差不齐，俗称“立体树冠”，或立体蓄梢茶园。立体树冠表层的枝条粗壮，成熟叶片较大，越冬芽饱满，翌年春梢萌发早、品质好、产量高，由于新梢粗壮，采摘也较为方便，芽叶完整性好，从而能取得较好的经济效益。

理想的立体树冠是茶树越冬时，树冠表层有大量密集粗壮的枝条，每个枝条长30～50厘米，有8～10片叶片，且均已成熟；枝条除顶端3～5厘米呈绿色外，下方已半木质化呈红棕色，腋芽饱满，没有萌发生长成小分枝。这样的树冠翌年发芽早、产量高、品质好。立体树冠应避免下列两种情况：一是越冬芽已萌发生长，蓬面上有许多10厘米左右的细小分枝，导致翌年长出的新梢又瘦又小，不但采摘成本高，而且明显影响春茶产量和品质。二是树冠表层的枝条是嫩梢，成熟度低，腋芽细小，导致翌年春茶萌发明显推迟，从而影响经济效益。

如培养理想的立体树冠，首先，春茶结束后重修剪要及时，要求停采后立即进行，发芽早停采早的品种早剪，发芽晚停采迟的品种迟剪。其次，重剪后长出的新梢长到一芽五六叶时，最好留2～

3片叶打顶采，到8月中旬停止打顶；由于劳动力紧张且成本高，也可以不打顶，任其生长至7月中旬，在原重修剪剪口上提高20厘米进行第二次修剪，然后任其继续生长。需要特别指出的是只有管理良好的茶园才能进行二次修剪，如果不打顶或不进行二次修剪，则重剪后长出的枝条会长出小分枝。二次修剪后长出的枝条不会萌发小分枝，蓬面枝条的密度也会提高。下列情形不能进行二次修剪：重修剪较迟或生长势较弱的茶园，到7月中旬时长出的新梢仅有20～30厘米；生长势较弱的白化型品种，如安吉白茶、黄金芽等；生长期较短的高海拔茶园；不会长出小分枝的茶树，或长出的小分枝能达到30厘米以上的茶树。另外，7月中旬刚好是夏天高温季节，如遇连续高温干旱切忌修剪，如7月底前仍找不到合适的时间则当年不进行二次修剪；二次修剪应选择阴雨天，或多云天气的下午3时后进行，否则叶片容易灼伤。

70. 如何培养机采平面树冠？

随着劳动力日益紧缺和成本的提高，机采是茶叶采摘的必然趋势。选择式的智能采茶机器人尚在研发过程中，在大面积推广应用前，一刀式采茶机是目前唯一的选择。这种机采方式要求树冠平整，呈水平形或弧形，树冠生长枝粗壮、密度适中，树高在80厘米左右，行间有20厘米的操作道。

机采平面树冠的培养，从茶树重修剪开始。首次重修剪可稍重，但剪口高度不得低于40厘米。重修剪应在春茶适当提前结束后立即进行，最好在5月上中旬前完成，剪后2～3个月，在6月底至7月初新梢长到30厘米以上，基部5～10厘米半木质化时，在重修剪剪口上提高5～10厘米进行一次定型修剪，促进分枝；当秋末气温降低，新梢进入休眠期后再进行一次深修剪，平整树冠，以方便翌年机采。

由于机采茶园树冠提高不快，一般每隔3～5年进行一次重修剪或深修剪。至于是选择深修剪还是重修剪，主要看茶树高度和蓬面枝条的粗细，如果茶树不高，剪去树冠表层15～20厘米枝叶后下方的枝条比较粗壮，则可以深修剪；反之，如果茶树较高，剪去15～20厘米枝叶后下方的枝条仍然较细，则应选择重修剪，以将细弱枝条剪去作为标准。

另外，机采茶园还应加强施肥和留叶管理，这是机采茶园持续健康发展的基础。对于大宗茶机采，最好在每次采茶后施肥一次，每年追肥3～4次。同时，每次采茶不要剪得过低，要有一定的叶层；春夏秋三季最好留一季，如春夏茶采摘后，留秋茶（三茶和四茶），秋末（10月下旬至11月上旬）对树冠表面进行整形修剪，剪下的枝叶可做出口片茶。

71. 野生大茶树管理技术要点有哪些？

“物以稀为贵”，野生大茶树由于资源稀缺，是目前众多生产者和消费者炒作的对象。其实，除了部分野生植物有较好的营养或保健作用外，对于大多数作物来说，由于经过千百年的人工选择和优化栽培，种植品种的产量和品质优于野生品种。如野生型茶树生化成分茶多酚和氨基酸含量往往较低，儿茶素的主要功能成分表没食子儿茶素没食子酸酯（EGCG）常常不到栽培型茶树的1/3，除了碳水化合物含量稍高，有一定的甜香或回甘外，多数茶叶香气不足，不是有明显的苦味，就是滋味淡薄。因此，从消费的角度来看，野生茶的饮用价值并不高。但野生大茶树基因型丰富，不乏优质或性状特异的资源，如有的野生大茶树芽头粗壮，生长势强，有的EGCG或咖啡碱含量特别低，有的有较强的抗寒性与抗病性等，这些性状可用于资源创新，如选育低咖啡碱品种或作为高抗性品种的育种材料。另外，从遗传学、生理学、生物化学、细胞学和分子生物学等角度来看，野生型品种对于研究茶树起源、演化、分类等具有较高的学术价值。因此，对于野生大茶树应加强保护和管理，科学利用。

（1）对野生大茶树应原地保护，切忌异地移栽。野生大茶树由于在该地生活了上百年甚至数百年，根系深广、枝叶茂盛，已完全适应当地的环境条件。如异地移栽，根系损伤严重，为了减少蒸腾还需剪去大量的枝叶，导致移栽的大茶树往往不能成活，即使成活了也常常是半死不活，既没有保护好，又失去了利用价值。因此，保留在原地，让其自然生长或科学利用是最好的保护办法。

（2）切忌乱砍枝条。野生大茶树由于树冠高大，枝梢上的新梢不多，又比较瘦小，采摘也很不方便。为了新梢粗壮，又方便采摘，茶农常常将枝条砍去，有时仅剩光秃秃的主干。这种做法无异于杀鸡取蛋，虽然短期内茶树发出的新梢较多，也较粗壮，但由于没有成熟叶片进行光合作用，茶树体内的贮藏营养很快被消耗，不仅长出来的新梢会变得瘦小，而且如遇高温干旱等不良环境条件，茶树很可能无法生存。因此，为了保护野生大茶树，最好不剪枝条，如果为了提高茶叶产量一定要剪，则每年只能剪 1/4 的枝条，且只剪枝梢上类似“鸡爪枝”一样的小枝条，这样对茶树的影响较小。

（3）切忌强采和掠采。对野生大茶树，只采春茶，留养夏秋茶，这样可以维持其较强的可持续生产能力。切忌将长出的鲜叶全部采净，这种做法虽然当年产量较高，但由于不能及时补充有光合作用能力的新叶，茶树很容易衰败。

（4）采摘的茶树应加强培肥管理和病虫害防控。野生大茶树在野生状态时，没有采摘，消耗少，生存能力较强，采摘后，特别是为了提高茶叶产量和品质，需要加强管理。要求每年秋末，茶树地上部快要进入休眠期时在树冠外缘下方挖一条深 20 厘米的沟，施入有机肥和复合肥，施后覆土。有病虫时应及时防治，最好用生物农药，如通过释放捕食螨来防治红蜘蛛和蓟马等害虫。

72. 抹茶茶园如何覆盖？

抹茶是采用覆盖栽培的茶树鲜叶经蒸汽（或热风）杀青、干燥、研磨加工而成的一种微粉状产品。抹茶研磨前的叶片叫碾茶。

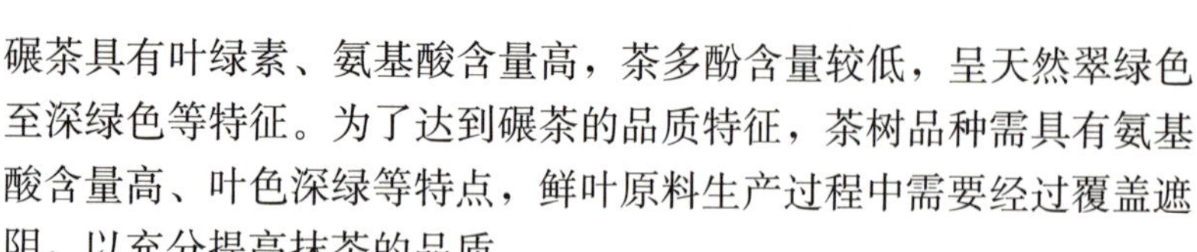

碾茶具有叶绿素、氨基酸含量高，茶多酚含量较低，呈天然翠绿色至深绿色等特征。为了达到碾茶的品质特征，茶树品种需具有氨基酸含量高、叶色深绿等特点，鲜叶原料生产过程中需要经过覆盖遮阴，以充分提高抹茶的品质。

茶树新梢的品质成分和叶绿素含量与覆盖物的遮光率、遮光时间和隔热性能等有关。在一定范围内，随着茶树蓬面覆盖物遮光率的提高、遮光时间的延长，茶树叶片叶绿素、氨基酸和咖啡碱含量提高，茶多酚含量降低；覆盖还能提高正常芽叶比例，增强新梢持嫩性；有隔热性能的草帘或双层遮阳网效果更好。适度覆盖茶园的产量虽有降低，但影响不大；过度覆盖的茶园，如覆盖时间过长，不但茶叶产量明显降低，而且新梢氨基酸、茶多酚、咖啡碱和水浸出物含量均有显著下降，甚至导致落叶，不仅影响碾茶品质，对茶树生长也有明显的影响。因此，合理覆盖十分重要。

茶园遮阳覆盖方式有直接覆盖和搭棚覆盖两种。直接覆盖是将覆盖物直接盖到茶树蓬面上，而搭棚覆盖是用钢管、水泥柱或竹子等材料在茶园里先搭建棚架，棚高1.8～2.0米，将覆盖物放在棚架上，茶树蓬面与覆盖物的距离应在50厘米以上。覆盖材料有遮阳网和作物秸秆等，其中遮阳网由聚乙烯（PE）等材料制成，具有抗拉力强、耐老化、轻便、价格低等特点，生产上应用较多，作物秸秆做的草帘具有隔热作用，效果更好。覆盖物的遮光率要求90%以上，覆盖时间为2～3星期，直接覆盖宜稍短些，搭棚覆盖可稍长些，管理水平高、茶树长势好、新梢持嫩性强的茶园覆盖时间可长些，反之则短些。覆盖如能分两步进行则效果更好，如前7～10天用遮光率70%左右的遮阳网，后10天将遮光率提高到95%以上。搭棚覆盖的茶园也可以前期将周围的侧棚打开，提高透光率，后期将侧棚盖好，提高遮光率。这种做法比一次性覆盖的产量高，对茶树的不利影响也较小。覆盖开始的时间以大多数新梢长到一芽二三叶为宜；当新梢不再生长，叶片深绿时及时采摘；要一边揭网一边采摘，两者的间隔尽可能短，否则，茶叶见光后积累的叶绿素很容易分解。另外，生产碾茶的茶园，应适当提高施氮量，以充分提高茶叶氨基酸和叶绿素含量。

73. 茶叶采摘标准有哪些？如何确定？

茶叶采摘标准的确定主要根据不同茶类及级别对新梢嫩度的要求，同时考虑新梢生育和气候特点。我国茶类众多，不同茶类采摘标准各不相同，大体上可归纳为“细嫩采”“适中采”“成熟采”和“开面采”四种类型。

“细嫩采”是高级名优茶的采摘标准。采摘单芽、一芽一叶和一芽二叶初展的新梢，如竹叶青和开化龙顶以单芽为原料，高级西湖龙井、洞庭碧螺春和黄山毛峰等采摘一芽一叶和一芽二叶初展的新梢。这种采摘标准费工，产量不高，且季节性强，大多在春茶前期实施，是目前我国绝大多数高档名优红绿茶的采摘标准。“适中采”是大宗红绿茶的采摘标准，主要采摘一芽二三叶、一芽三四叶及幼嫩驻芽二三叶，这种采摘标准产量高，品质也不错。“成熟采”是边销茶的采摘标准，一般待新梢基本成熟时，采摘一芽四五叶与对夹三四叶，如茯砖茶和黑茶等原料的采摘。这种采摘标准与边疆少数民族独特的消费习惯有关，如藏民常将茶叶进行熬煮，并掺和酥油与大麦粉后饮用，所以要求滋味醇和，回味甜润。采摘成熟新梢容易达到这一要求。“开面采”是乌龙茶等特种茶的采摘标准，当新梢长到三至五叶快开面时，采摘二至四叶新梢。这与乌龙茶需要独特的香气和滋味有关。如鲜叶采摘太嫩，色泽红褐灰暗，香气低，滋味差；如太老，外形显得粗大，色泽干枯，且滋味淡薄，粗老味重。

除根据茶类要求确定采摘标准外，根据新梢生育和气候特点确定采摘标准也十分重要。我国不同茶区、不同茶季气候差异明显，新梢生育的强度和适制性不同。春季气温回升慢，波动大，茶芽生育缓慢，是采制高档名茶的有利时机，以“细嫩采”为主；当气温回升，新梢生育加快时，以大宗红绿茶的“适中采”为主；季末

"成熟采"可作边销茶的原料。加工同一茶类时，可依据新梢生育和气候特点采制不同等级的茶叶。如龙井茶，清明前后以采特级和一、二级为主，谷雨后则多采三至五级。夏茶时气温高，雨水多，生长快，新梢易老，只能按四、五级标准采，秋茶气温逐渐下降，雨水较多，新梢生育正常，又可按二、三级的标准采。为充分提高经济效益，可根据新梢生育特点采用多茶类组合生产，如春茶前期采制高档名优绿茶，后期采制大宗绿茶和红茶，夏茶采制红茶，秋茶采制优质红绿茶等，这种方式可以充分发挥鲜叶原料的经济价值。

74. 名优茶手采应注意哪些技术环节？

名优茶是目前我国茶产业的主力军，虽然产量只占茶叶总产量的48%，但产值占70%左右，经济效益则达90%以上。因此，狠抓名优茶生产几乎是绝大多数茶叶生产者的首要任务。名优红绿茶采摘主要为"细嫩采"，以一芽一叶和一芽二叶初展为主，由于名优茶价格高，对鲜叶采摘的要求也高。

（1）应严格掌握名优茶采摘标准。一芽一叶或一芽二叶初展是指春季新梢刚长起来时的采摘标准，而不是当新梢长到一芽三叶或一芽四叶时采顶端的一芽一叶或一芽二叶，两者是完全不一样的。高档名优茶要求采摘细嫩、均匀一致，切忌大小不一、老嫩不匀，更不能夹带蒂头、茶果和老叶。不同品种的鲜叶分开采摘与加工。

（2）分批及时采摘。为了保证新梢按标准采摘，开园要早，一般当茶树蓬面有5%的新梢符合采摘标准时即可开园，此后分批勤采。这样才能保证采摘的新梢符合标准，如果当新梢达到标准后未能及时采下，这块茶园此后采摘的新梢就无法达到相应的标准。因此，在勤采的基础上，对符合采摘标准的鲜叶还要采净。

（3）留鱼叶采。留鱼叶采，新梢质量高，对于销售价格较高的自创品牌茶叶，留鱼叶采有利于提高产品质量；对于采摘本轮新梢后，还需采摘下轮新梢的，也必须留鱼叶采。鱼叶上的腋芽是下一轮新梢的起点，留鱼叶采有利于缩短采摘间隔期，提高茶叶产量。

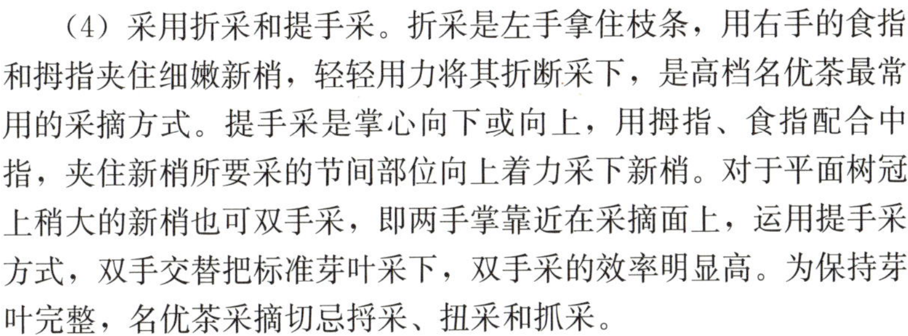

（4）采用折采和提手采。折采是左手拿住枝条，用右手的食指和拇指夹住细嫩新梢，轻轻用力将其折断采下，是高档名优茶最常用的采摘方式。提手采是掌心向下或向上，用拇指、食指配合中指，夹住新梢所要采的节间部位向上着力采下新梢。对于平面树冠上稍大的新梢也可双手采，即两手掌靠近在采摘面上，运用提手采方式，双手交替把标准芽叶采下，双手采的效率明显高。为保持芽叶完整，名优茶采摘切忌捋采、扭采和抓采。

75. 优质茶机采有哪些技术要点？

随着劳动力日益紧缺和成本的提高，机采是茶叶采摘的必然选择。大宗茶机采在 20 世纪 80 年代推广以来已较为成熟。高档名茶由于采摘细嫩，在选择式的采茶机器人研制出来前，只能手工采摘。优质茶的采摘标准介于大宗茶和名茶之间，只要管理良好，并能满足下列技术要点，使用往复切割式采茶机是可以实现优质茶机采的。

（1）优质茶机采品种。最好是无性系良种，且分枝密度较高，发芽整齐，新梢直立粗壮、持嫩性好，节间稍长；成熟叶片呈披张状，与新梢的夹角较大。

（2）机采树冠。要求树冠平整，呈弧形或水平形，对于平地或缓坡茶园，弧形树冠的产量和品质更高些；树冠上的生长枝粗壮、密度适中，树高在 80 厘米左右，行间有 20 厘米的操作道。

（3）机采适期。当符合采摘标准的一芽二三叶及同等嫩度对夹叶达到 70%～80%，或新梢高度在蓬面上有 5～9 厘米时较为适宜，能获得较高比例的优质茶原料。

（4）采茶方式。为提高鲜叶质量，采摘高度以 2.0～3.0 厘米，行进速度以 0.5 米/秒为宜，采摘鲜叶的完整率、一芽一叶和一芽二叶比例均较高，而单片数量相对较少。如采摘高度过低，容易采进老叶和老梗；行进速度过快，则机采鲜叶的单片数量会明显增加。机采作业时机采刀片应保持平稳，收尾时略向上翘，以利于采摘下来的鲜叶收进集叶袋。

（5）采摘轮次。由于新梢生长速度不一，每一次机采有部分芽叶未采到，或只采了新梢顶端的嫩梢，导致采后这部分新梢的生长速度较快，因此，多轮机采的茶园最好主采与副采相结合。主采是极大部分鲜叶达到采摘标准时的机采，产量较高，产品质量较好；副采是主采后 8～10 天，在下轮新梢的腋芽即将萌发时，将主采未能采到、已突出蓬面的那部分新梢采去，副采的产量较低，品质也较差，但这种机采方式可省去每次机采后轻修剪整理树冠蓬面。

（6）机采茶园应加强培肥管理。由于机采茶园采摘强度大，芽叶损伤和养分损耗大，养分需求明显高于手采茶园。因此，机采茶园应多施肥料，要求重施基肥，施足催芽肥，每机采 2～3 次后应施一次追肥。

76. 采茶机有哪些类型？如何操作？

目前生产中使用的采茶机基本为往复切割式采茶机。按照机器大小可分为微型采茶机、单人采茶机、双人采茶机、乘坐式采茶机等几类。大型采茶机采摘效率高，但对茶园的要求也高；微型采茶机采摘效率较低，但使用灵活方便。生产上主要根据茶园地形地貌、面积大小、茶树树冠形状、茶树长势及蓬面新梢生长情况等进行选择。

（1）微型采茶机。手持式微型采茶机作业面积小，但操作灵活、适应性强，单人操作，对茶园地形和茶树面貌的要求较低，台时工效为 0.013～0.020 公顷，效率较低，但和手工采摘相比，工效提高 2 倍，成本节省 2/3 以上。采摘时一般由茶行边缘逐渐向中心采摘，剪切面需向上倾斜 10°～15°，以免剪碎成熟叶片，也有利于将采摘下来的鲜叶收进集叶袋。微型采茶机采摘宽幅小，需要多次来回采摘，应尽量采净鲜叶，并避免多次重复采摘，以提高效率。

（2）单人采茶机。适合中小规模的企业或茶农，具有使用方便、采摘质量较好等特点，台时工效为 0.033～0.053 公顷。采茶时需 2 人配合，主机手背负采茶机动力装置，双手紧握机头扶手，控制采摘面的高度、幅度及行进速度，由茶行边缘向中心采摘；副机手手持集叶袋，配合主机手采摘。标准宽幅茶行，一般往返采摘 2 次，去时采摘蓬面宽度的 60%左右，返回时再采去剩余部分。两次采摘高度应保持一致，避免树冠中心部位重复采摘或漏采。采到地头边缘时，可适当压低采摘面，沿着树冠方向调转机头。

（3）双人采茶机。这是生产上最常用的机型，以采摘弧形茶蓬为主，作业工效高，采摘质量较好，采叶和集叶干净，适合具有一定规模的企业或农户使用。双人采茶机作业时一般由 4 人组成，主副机手各 1 人，集叶辅助人员 2 人。主机手托着采茶机非动力端，侧身后退作业，控制采茶机的剪口高度与行进速度；副机手手持操作手柄，侧向前进作业，滞后主机手 30～40 厘米，使机器刀片与茶行轴线成约 60°；辅助人员持集叶袋随采摘机手前行，装卸鲜叶。每行茶树来回各采 1 次，去程剪口超出树冠中心线 5～10 厘米，回程再采去剩余部分，两次采摘高度应保持一致，使左右两边采摘面整齐，树冠中心避免重复采摘。大宗茶采摘时刀片高度在上次采摘面上提高 1～2 厘米，或留鱼叶采，采优质茶时应提高 2～3 厘米。采茶时机身要平稳，行进速度以每分钟 30 米左右为宜。

（4）乘坐式采茶机。这是目前生产上机械化、自动化程度最高的采茶机，采茶效率高，台时工效可达 0.33～0.67 公顷。该机对茶园基本建设、茶蓬管护等要求较高，投资成本也高，适合大规模企业使用。乘坐式采茶机通常采用液压驱动的高地隙底盘，横跨茶行作业，采摘器高度可灵活调节，刀片锋利，采收的茶叶质量较好。每台机器仅需 1 人即可完成采茶作业。

77. 鲜叶盛装和贮运应注意什么？

鲜叶采摘后，应采用清洁、通气良好的竹编网眼茶篮或篓筐盛装，盛装时切忌挤压过紧，不宜使用通气不良的塑料袋和布袋装

运。采下的鲜叶应及时运至茶厂，不得在田间过夜。鲜叶运输的工具应清洁卫生，机采叶和手采叶，晴天叶和雨天叶，不同品种和不同标准的鲜叶应分装，运输过程中应避免日晒、雨淋和挤压，以免鲜叶红变和劣变情况的发生。

鲜叶运至茶厂后，收青人员应及时验收。从茶篮中抽取有代表性的鲜叶，采用看、触、嗅相结合的方式，根据芽叶的嫩度、匀度、净度、新鲜度等因素，对照鲜叶分级标准，评定等级，并称重和登记。对不符合采摘标准的，应及时向采摘人员提出改进意见。

对验收的鲜叶，如质量不同，应分开摊放，分别贮青，分别加工。要求不同品种鲜叶分开，不同级别鲜叶分开，晴天叶与雨天叶分开，隔天叶与当天叶分开，上午叶与下午叶分开，正常叶与劣变叶分开等。鲜叶应贮放在低温、高湿、通风的场所，适于储放的温度为低于25℃，空气相对湿度为90%～95%。鲜叶储放的厚度以名优茶2～5厘米、大宗春茶15～20厘米、夏秋茶10～15厘米为宜，具体则根据气温高低、鲜叶老嫩和干湿程度灵活掌握。气温高要薄摊，气温低时可略厚些；嫩叶薄摊，老叶略厚；雨天叶薄摊，晴天叶略厚。鲜叶翻动时会导致损伤，所以，摊放的名优茶鲜叶不要翻动，其他鲜叶也要尽量少翻动。

第五章 茶园病虫草害防控技术

78. 茶园病虫草害综合防控的基本原则是什么？

茶园病虫草害防控的基本原则是“预防为主，综合防治，绿色防控”。从茶园生态系统的总体观念出发，以农业防治为基础，根据病虫发生规律，因地制宜，合理运用生物防治、物理防治和化学防治等措施，在尽量保持原生态系统动态平衡的前提下，将病虫草害发生的数量控制在经济危害允许水平以下。在该基本原则的指导下，茶园病虫草害防控特别强调下列技术要点。

（1）维护茶园生态平衡。在茶园生态系统中，茶树与病虫草，病虫与天敌生物等构成了一种动态平衡，它们互相依赖，又相互制约，理想的生态系统是病虫和天敌平衡，这样虽有病虫存在，但不会对茶树造成严重危害。如果想彻底消灭病虫，一是不可能，二是靠病虫生存的天敌种群数量也会随之下降，甚至消亡，这反过来会造成病虫害的大暴发。因此，茶园综合防治必须时刻牢记这一点，无论采取什么技术措施，都要考虑尽量维护茶园生态平衡。

（2）加强病虫预测预报。这是病虫防治的前提，不但要清楚当地茶园主要和次要病虫种群组成及发生规律，而且要了解当地天敌的种类及发生规律，只有这样才能有的放矢，在及时准确防治病虫害的同时有效保护天敌。

（3）建立茶树病虫草害综合防治方案。协调利用各种防治技术，特别是农业防治、生物防治和物理防治技术，因地制宜地加以综合运用。只有在这些技术措施无法奏效的前提下才使用化学防治，化学防治应尽量少用或不用。

（4）明确主要病虫，制订防治指标。防治病虫草害，而非防治病虫草。只有对茶叶生产经常造成较大或重大损失的病虫草才是防治重点，那些偶尔发生的病虫不需要防治。并且，对那些主要病虫也不能见病虫就治，可能造成危害时才需防治。因此，对主要病虫应制订防治指标，特别是只有达到防治指标时才选择使用化学防治，以便减少喷药次数，降低防治成本，同时尽量保护天敌，维护茶园生态平衡。

79. 茶园病虫草害的防控技术措施有哪些？

茶园病虫草害的防控技术主要有农业防治、生物防治、物理防治和化学防治等。这些技术措施有不同的特点，只有充分了解这些特点，并根据病虫草害的发生规律，因地制宜、有针对性地加以综合应用，才能取得理想的防治效果。

农业防治是茶园病虫草害综合防控的基础。主要是通过选用抗病虫良种、合理采摘和修剪、科学施肥和耕锄、冬季清园等田间管理措施，一方面增强茶树对病虫草害的抵抗力，另一方面创造不利于病虫草生长发育或传播的环境条件，从而控制、避免或减轻病虫草的危害。农业防治具有无须为防治增加额外成本、对天敌无杀伤力、不会使有害生物产生抗药性、不污染环境和有预防作用等优点，但易受劳动力和季节的限制，效果也不如药剂防治明显。

生物防治是指利用一种生物对付另外一种生物的方法。通过以虫治虫、以鸟治虫和以菌治虫等方法，降低病虫和杂草等有害生物种群密度的一种方法。它利用了生物物种间的相互关系，以一种或一类生物抑制另一种或另一类生物，它最大的优点是不污染环境，不破坏生态平衡。在茶叶生产中，一方面要保护和利用茶园中的草蛉、瓢虫、蜘蛛、捕食螨、寄生蜂等有益生物，发挥生物防治作用；另一方面，通过释放天敌，如茶尺蠖绒茧蜂、叶蝉缨小蜂、德氏钝绥螨或黄瓜钝绥螨，以及使用生物源农药如茶尺蠖病毒、短稳杆菌、天然除虫菊素、印楝素、茶皂素等进行害虫防控。

物理防治是利用简单工具和各种物理因素，如光、热、电、温度、湿度和放射能、声波等防治病虫害的措施，常见的有人工捕杀和清除病株等较为原始的方法，也有利用昆虫的趋光性，采用杀虫灯和色板等较为先进的工具诱杀，利用风力的吸虫机在日本已大规模推广应用，利用仿声学原理和超声波防治害虫等新技术也在研究中，有望在不久的将来在生产上推广应用。

化学防治是使用化学药剂防治病虫草害的方法。其优点是高效、快速、使用方便、经济效益高，且不受地域和季节限制。缺点也十分明显，不但会增强某些病虫的抗药性，降低防治效果，而且会导致茶叶农残和污染生态环境，伤害天敌，破坏生态平衡。因此，化学防治是在农业防治、生物防治和物理防治等技术手段无法奏效的情况下最后采取的防治措施，应尽量少用或不用。同时应恰当地选择农药种类和剂型，采用适宜的施药方法，合理施用农药，将化学防治的副作用降到最低。

80. 茶园“三虫一病”指什么？

我国茶区地域辽阔，气候适宜，环境多样，导致茶园病虫区系复杂，种类繁多。据不完全统计，我国已记载的茶树害虫和害螨种类达 800 余种，其中常见的有 200 余种；另外，有包括线虫病在内的病害 130 余种，常见的有 40 余种。这些病虫害大都不会对茶叶生产造成危害，真正能造成经济损失的害虫有 50～60 种，病害有 10 余种，其中在我国不同茶区均有发生，且危害面积较大，对茶叶生产可造成严重危害的病虫害更少。“三虫一病”是对我国茶叶生产危害最严重的代表性病虫害，它们分别是茶尺蠖（包括灰茶尺蠖）、茶小绿叶蝉、茶橙瘿螨和茶炭疽病。

茶园“三虫一病”不仅本身对茶叶生产危害严重，也分别是一类害虫或病害的代表。如茶尺蠖包括其近缘种灰茶尺蠖，是咀嚼式害虫的代表；茶小绿叶蝉又名小贯小绿叶蝉，是刺吸式害虫的代表；茶橙瘿螨是害螨的代表；茶炭疽病则是茶园病害的代表。掌握了茶园“三虫一病”的发生规律及防控技术，则几乎掌握了茶园其他很多病虫的发生规律及防控技术。因此，对这几种重点病虫，应举一反三，重点掌握。

81. 茶尺蠖和灰茶尺蠖如何防控？

茶尺蠖和灰茶尺蠖是近缘种，均属于鳞翅目尺蛾科害虫，由于二者的形态特征、生物学和生态学性质极为相似，导致生产上长期将二者视为同一物种。中国农业科学院茶叶研究所肖强等在研究中发现，二者对茶尺蠖核型多角体病毒的敏感性存在显著差异，且两个种群之间存在生殖隔离现象，从而明确了二者为近缘种。茶尺蠖主要分布于苏、浙、皖三省，而灰茶尺蠖几乎分布于我国所有产茶省份。对于茶叶生产者来说，由于二者在形态和防治上几乎没有区别，因此这里仍使用茶尺蠖来统称茶尺蠖和灰茶尺蠖。

茶尺蠖幼虫虫体光滑，似植物枝条，爬行时身体一屈一伸，俗称拱拱虫，是典型的咀嚼式口器害虫。茶尺蠖一般一年发生 6～7 代，以蛹在茶树根际土壤中越冬，翌年 2 月下旬至 3 月初开始羽化出土，成虫昼伏夜出，有趋光性和趋糖醋性，静止时四翅平展，停息在茶丛中，羽化当日即能交配，翌日开始产卵。卵成堆产于茶树枝杈间、枝干缝隙处和枯枝落叶上。初孵幼虫性活泼，善吐丝，有趋光性、趋嫩性，多聚集于蓬面嫩叶上形成“发虫中心”，取食嫩叶呈花斑，稍大后咬食叶片成 C 形；三龄幼虫开始取食全叶，分散危害，分布部位也逐渐向下转移，并常躲于茶丛荫蔽处；四龄后开始暴食，虫口密度大时可将所有叶片和嫩茎全部吃光，从而严重影响茶叶产量和茶树长势；幼虫老熟后，爬至茶树根际附近入土化蛹。

茶尺蠖防控主要有下列技术措施。

（1）清园灭蛹。在茶尺蠖越冬期间，结合秋冬季深耕施基肥，将根际附近的落叶和表土中的虫蛹埋入土中。

（2）灯光和性引诱剂诱杀。利用成虫趋光性，采用频振式杀虫灯诱杀成虫；或使用茶尺蠖性诱捕器，置于茶蓬上方10厘米处或茶园四周，诱捕器的间距为30～40米，以船形诱捕器和橡胶塞诱芯的效果较好。

（3）微生物制剂和天敌防控。在一二龄期喷施茶核·苏云菌悬浮剂，每亩75～100毫升，以第一代防治效果最好，“发虫中心”应重点喷施，如果是灰茶尺蠖，喷施浓度应加倍。加强对茶园寄生蜂、蜘蛛和鸟类等天敌资源的保护，茶尺蠖幼虫期绒茧蜂的自然寄生率很高，应特别注意保护利用，有条件的地区可人工饲养并田间放蜂。

（4）化学防治。常用的植物源农药有鱼藤酮、苦参碱和藜芦根茎提取物等，宜在幼虫三龄期前使用。也可选用高效、低毒、低残留的化学农药，常用的有高效氯氰菊酯、联苯菊酯、茚虫威、虫螨腈、唑虫酰胺、除虫脲和氰氟虫腙等，由于四龄幼虫进入暴食期，且抗药性增强，故应在三龄前喷药，并根据有效剂量和安全间隔期严格用药，注意轮换用药，以提高对茶尺蠖的田间防治效果。另外，茶尺蠖幼虫天敌寄生率较高时应停止或减少使用化学用药，保护天敌。

82. 茶小绿叶蝉如何防控？

茶小绿叶蝉属半翅目叶蝉科，由于善爬喜跳，俗称叶跳虫、响虫等。茶小绿叶蝉的名称经多次调整，约2015年以前一直称为假眼小绿叶蝉，后经研究发现，其实是小贯小绿叶蝉，最近有关专家对叶蝉科多个属进行了重新分类，目前又统一称为茶小绿叶蝉。茶小绿叶蝉是典型的刺吸式口器害虫，与茶尺蠖取食叶片不同，它是通过口针刺入茶树嫩梢及叶脉，吸食汁液，造成芽叶失水萎缩、枯焦，严重影响茶叶产量和品质。

茶小绿叶蝉是我国各茶区普遍发生的优势种，发生代数多、世代重叠、个体数量大，一般情况下以若虫形态出现，成虫占比较小。从北部的山东日照至南端的海南三亚，茶小绿叶蝉的年发生代数有明显区别，在7～22代，其中浙江茶区年发生11～12代。以成虫在茶丛内叶背、冬作绿肥、杂草或其他作物上越冬。浙江茶区在4月上中旬第一代若虫盛发，以后每0.5～1个月发生1代，直至11月停止繁殖。若虫和成虫均趋嫩危害，多栖于新梢叶背，善爬、善跳、畏光，早晚危害严重，中午烈日下活动暂时减弱，向茶丛内或杂草中转移。一年中有两个发生高峰，一般分别出现在5月中旬至7月下旬、9—11月，是重点防治时期。

茶小绿叶蝉的防治指标是调查新梢芽下第二叶上的虫口数量，一般为每百片叶10～15头。夏茶第一高峰虫口增加较快，可适当降低数量，如安徽规定6～8头。茶小绿叶蝉防控主要有下列技术措施。

（1）农业防治。避免在茶园内间作豆类植物，及时清除杂草，及时分批采摘芽叶。必要时可适当强采，不但随芽叶能采走大量的虫卵和低龄幼虫，而且在降低虫口密度的同时，减少了害虫食料供应，可有效控制种群密度。

（2）物理防治。在成虫期用绿板诱杀，每亩放置20～25片。采用风吸式杀虫灯诱杀，如果在杀虫灯上放置信息素引诱剂则效果更好。

（3）生物防治。在空气湿度大的季节，喷洒每毫升含800万孢子的球孢白僵菌稀释液。缨小蜂对茶小绿叶蝉卵有较高的寄生率，在生态环境较好的茶园中，蜘蛛对茶小叶蝉也有良好的控制作用，应加强茶园生态建设和对这些天敌的保护。

（4）化学防治。发生严重的茶园，越冬虫口基数大，一般在11月中下旬喷施虫螨腈或用石硫合剂封园，以消灭或减少越冬虫源。茶叶生产季节，在达到防治指标时，使用茚虫威、虫螨腈、噻虫嗪、毒死蜱、高效氯氟氰菊酯和联苯菊酯等高效低毒农药进行防治。

另外，值得一提的是，茶小绿叶蝉危害后的鲜叶，一些挥发性香气成分明显提高，据此可用来生产东方美人茶。研究表明，当新梢受到茶小绿叶蝉危害后，萜烯类等香气成分的含量可显著提高，而 EGCG 等儿茶素含量有所降低，从而能明显提高东方美人茶的品质；当每个新梢的虫口密度为 0.6 左右时采摘新梢，害虫对茶叶产量的影响较小，但能明显提高茶叶香气。所以，利用茶树的这一特点来采制东方美人茶等特种茶时，茶小绿叶蝉不但无须防治，而且能改善茶叶品质，提高茶园经济和生态效益。

83. 茶橙瘿螨如何防控？

茶橙瘿螨属蜱螨目瘿螨科。我国各茶区均有发生，除茶树外，茶橙瘿螨还危害油茶、漆树、檀树等林木，以及一年蓬、苦菜、春蓼等多种杂草。以成螨和若螨刺吸茶树汁液，当螨数量较多时被害叶片叶脉发红、失绿无光泽，严重时叶背呈褐色锈斑，芽叶萎缩、干枯，如火烧状，甚至造成落叶，树势衰退，茶叶产量和品质均受到严重影响。

茶橙瘿螨年发生 25 代左右，一般以成螨在叶片背面越冬，翌年 3 月中下旬气温回升后开始活动取食，成螨趋嫩性较强，多在嫩叶背面危害。各形态混杂，世代重叠严重。可孤雌生殖，卵散产于嫩叶背面，尤以侧脉凹陷处居多。借风、雨、人畜活动及苗木传播扩散。当气温 18～26℃、相对湿度 70%～80%，时晴时雨、雨量较小且雨日较多时有利于生长繁殖，暴雨则抑制其发生。茶橙瘿螨的种群数量因气候不同呈“单峰型”或“双峰型”，“单峰型”常在秋茶期间发生，“双峰型”则分别出现在 5 月中旬至 6 月下旬和 8—10 月高温干旱季节。

茶橙瘿螨的防控技术如下。

（1）农业防治。选用抗病虫良种，清除园内杂草和落叶。及时分批采摘，将鲜叶中的螨采去，降低螨口密度。加强茶园管理，如平衡施肥、干旱季节适时喷灌等均有利于抑制螨类的生长和繁育。

（2）生物防治。保护和利用田间食螨瓢虫和捕食螨等天敌。在

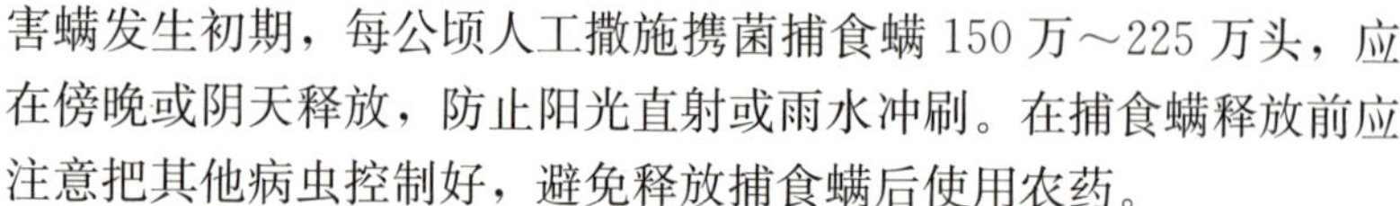

害螨发生初期，每公顷人工撒施携菌捕食螨150万～225万头，应在傍晚或阴天释放，防止阳光直射或雨水冲刷。在捕食螨释放前应注意把其他病虫控制好，避免释放捕食螨后使用农药。

（3）化学防治。秋冬季用石硫合剂或白僵菌制剂封园。生产季节加强调查和预测预报，掌握在害螨发生高峰前及时喷药，一般平均每叶有螨17～22头时需喷药防治，以低容量蓬面扫喷为宜，可选用矿物油、藜芦根茎提取物、虫螨腈、炔螨特、螺螨酯和喹螨醚等农药，并注意农药的轮用与混用。

84 茶毛虫如何防控？

茶毛虫又名茶黄毒蛾、茶毒蛾、毒毛虫等，属鳞翅目毒蛾科。在我国各产茶区均有分布，是较为严重的食叶性害虫。茶毛虫幼虫群集危害，常数十至数百头聚集于叶背取食，严重时可将叶片食尽，甚至啃食树皮，严重影响树势和茶叶产量，加之幼虫和成虫均具毒毛，皮肤触及痛痒红肿，影响采茶等田间作业。被害茶芽加工时易破碎，且因虫粪黏结，严重影响茶叶品质。

茶毛虫一年发生2～4代，以卵在茶树中下部老叶背面越冬。杭州地区幼虫危害期常在5月下旬至6月和8—9月。茶毛虫发生较整齐，群集性强，具假死性，受惊后吐丝下垂。一至二龄幼虫常数十至百余头群集于卵块附近的叶片背面，咬食下表皮及叶肉，留下上表皮，被害叶呈半透明网状膜斑，后变灰白色。三龄后食量增加，开始迁移到茶丛上部枝叶间取食，常吐丝结稀网，受惊后吐丝下落。四龄后遇惊停止取食，并抬头左右摆动。幼虫怕光和高温，迁移时排列整齐，头左右摆动。幼虫老熟后爬至茶丛枝干间、枯枝落叶及土表空隙结茧化蛹。

茶毛虫的防控技术措施如下。

（1）农业防治。在茶毛虫盛蛹期进行中耕培土，在根际培土6～7厘米，可阻止成虫羽化出土。

（2）物理防治。在11月至翌年3月人工摘除越冬卵块；茶叶生长季节，在低龄幼虫期间摘除群集幼虫的叶片。在成虫羽化期，利用成虫的趋光性可用频振式杀虫灯诱杀；茶毛虫对黄色也有一定的趋性，在茶园内放置黄色粘虫板有一定的效果；性诱捕器可干扰茶毛虫成虫的交配，对于减少茶园内卵块数量也有一定的作用，放置密度以每亩 10～15 盏为宜。

（3）生物防治。在低龄幼虫时，用每毫升含 100 亿个茶毛虫核型多角体病毒，或每克含 100 亿活孢子的杀螟杆菌或青虫菌，选择无风的阴天或雨后初晴时喷雾，对群集幼虫的叶片应重点防治。茶毛虫的天敌有赤眼蜂、黑卵蜂、茶毛虫绒茧蜂，以及鸟类和捕捉性蜘蛛等，应加强茶园内天敌生物的保护。

（4）化学防治。在三龄幼虫前使用高效低毒农药，如植物源的印楝素、苦参碱和鱼藤酮制剂，以及化学农药茚虫威、虫螨腈、除虫脲、醚菊酯、高效氯氟氰菊酯和联苯菊酯等，应按有效剂量和安全间隔期严格用药，特别应对茶树中下部叶片和茶毛虫群集叶片进行重点防治。

85. 茶黑毒蛾如何防控？

茶黑毒蛾属鳞翅目毒蛾科。在我国各产茶省均有分布，是较严重的食叶性害虫。幼虫咬食茶树叶片成缺刻或孔洞，严重时可把叶片和嫩梢全部吃光，仅剩枝干，严重影响茶树生长发育及茶叶产量和质量。和茶毛虫一样，幼虫有毒毛，人体皮肤触及会红肿痛痒，影响采茶等田间作业。

茶黑毒蛾一般一年发生 4～5 代，以卵在茶树叶背、细枝或枯草上越冬。翌年 3 月下旬至 4 月上旬孵化，第二、三、四代幼虫分别发生在 6 月、7 月中旬至 8 月中旬、8 月下旬至 9 月下旬。成虫趋光性强，白昼静伏，夜间活动，羽化当天交配，把卵成块或散产在茶丛中下部叶背、枯枝及杂草茎叶上。初孵幼虫群集在老叶背面取食叶肉，二龄后分散，取食叶片后留下叶脉，喜在黄昏或清晨危害。幼虫期 20～27 天，老熟后爬至茶丛基部枝杈间或落叶下结茧化蛹。蛹期10～14天，成虫寿命5～12天。管理粗放或失管的茶园暴发的可能性较大；该虫喜温暖潮湿气候，高温干旱年份发生较少。

茶黑毒蛾的防控技术措施如下。

（1）农业防治。加强茶园管理，结合施基肥，深埋地表枯枝落叶及杂草，对减少越冬卵有明显的效果；在盛蛹期中耕培土，在根际培土6～7厘米，可阻止成虫羽化出土。

（2）物理防治。茶树生长季节摘除群集低龄幼虫的叶片。在成虫羽化期，利用成虫的趋光性可用频振式杀虫灯诱杀，减少下一代虫口的基数。使用粘虫板时应尽量避开绒茧蜂和寄生蝇成虫发生期。

（3）生物防治。茶毛虫核型多角体病毒对茶黑毒蛾也有良好的防治效果。赤眼蜂、黑卵蜂、啮小蜂等寄生蜂对茶黑毒蛾的卵有较高的寄生率，寄生蝇和寄生菌也有作用，应加强保护。

（4）化学防治。防治时应选择对天敌昆虫杀伤力小的农药，防治指标为4～7头/米^2，在三龄幼虫前使用高效低毒农药，如苦参碱、印楝素和鱼藤酮等植物源制剂，以及茚虫威、虫螨腈、除虫脲和联苯菊酯等化学农药，应按有效剂量和安全间隔期严格用药。

86. 茶长白蚧如何防控？

茶长白蚧属同翅目盾蚧科，是茶园中危害最严重的蚧类害虫，以若虫、雌成虫刺吸茶树汁液。被害茶树未老先衰，生长衰弱，叶片稀少瘦小，茶叶产量和品质明显下降，严重时可导致茶树大面积死亡。

茶长白蚧为过渐变态昆虫，雌、雄虫态变化不同。雌虫一生经历卵、若虫、成虫三个虫态，而雄虫需经历卵、若虫、蛹和成虫四个阶段。长白蚧若虫共2龄（雄）到3龄（雌）。初孵若虫椭圆形、淡紫色，可爬行，孵化2～5小时后固定危害，随后分泌白色蜡质覆盖在体背上，形成第一层保护层；一龄若虫长大蜕皮，形成暗褐色盾壳，形成第二层保护层，我们看到的是第一层白色的蚧壳。

茶长白蚧全年发生3代，以第三代老熟雌若虫和雄虫前蛹在茶树枝干上的蚧壳内越冬。翌年3月中下旬雄成虫开始羽化、交尾；雌成虫交配后将卵产在蚧壳内。第一代卵盛孵期在5月下旬，第二和第三代卵盛孵期分别在7月中下旬和9月上旬。第一、二代若虫孵化较整齐，第三代历期较长。各代在茶树上的危害部位略有不同，第一代分布在叶片和枝干上的比例为3∶2，第二代约为1∶1，第三代几乎全在枝干上。经常修剪，偏施氮肥，生长茂密，枝条及皮层嫩薄的茶树受害较重。易随风雨扩散，随茶苗、茶种远距离传播。

茶长白蚧的防控技术措施如下。

（1）加强检疫。防止带蚧苗木传入新区。

（2）农业防治。首先，加强茶园管理，修剪茶树中下部细弱枝条，清理茶园杂草，促进通风透光；及时排水，降低田间湿度；适当增施磷钾肥，以增强树势，提高抵抗力。其次，对于已有大量枝条枯死的茶园，应进行重修剪或台刈，切记将剪下的带虫枝叶移出茶园集中烧毁，减少虫源；台刈后的茶树应加强培肥管理和喷药防治。

（3）生物防治。茶长白蚧的天敌主要有瓢虫和姬小蜂等，其中红点唇瓢虫对长白蚧有较强的抑制作用。每株茶树有4头红点唇瓢虫即可消灭98%左右的茶长白蚧。因此，应减少茶园施药，尽量给茶园天敌创造良好的生育环境。

（4）化学防治。首先，应在秋冬季用石硫合剂封园，降低越冬虫口密度。其次，在茶长白蚧卵孵化盛末期用矿物油、虫螨腈、联苯菊酯等药剂防治，采用低容量喷雾，将茶长白蚧发生部位均匀喷湿喷透。

87. 茶黑刺粉虱如何防控?

茶黑刺粉虱属半翅目粉虱科。分布比较广泛，除我国大部分茶

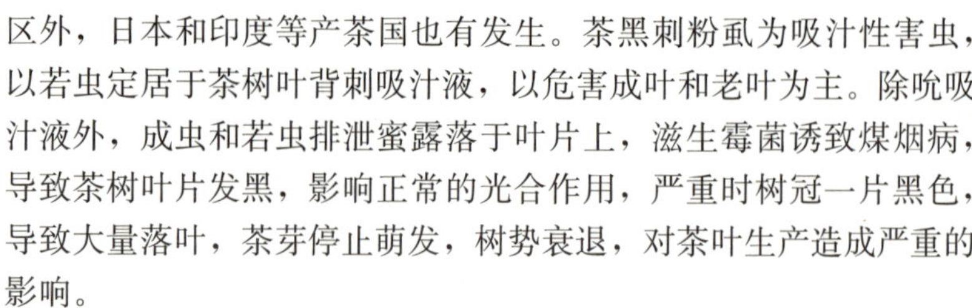

区外，日本和印度等产茶国也有发生。茶黑刺粉虱为吸汁性害虫，以若虫定居于茶树叶背刺吸汁液，以危害成叶和老叶为主。除吮吸汁液外，成虫和若虫排泄蜜露落于叶片上，滋生霉菌诱致煤烟病，导致茶树叶片发黑，影响正常的光合作用，严重时树冠一片黑色，导致大量落叶，茶芽停止萌发，树势衰退，对茶叶生产造成严重的影响。

茶黑刺粉虱一般一年发生 4 代，广东某些地区发生 5 代，以老熟幼虫在茶树叶片背面越冬，翌年 3 月化蛹，4 月上中旬成虫羽化，发生严重的茶园在清明前后可看到嫩叶背面有大量的小黑虫，即茶黑刺粉虱成虫。羽化的成虫从裂开的蛹壳背面飞出，蛹壳仍留在叶背上。成虫飞翔能力弱，白天活动，喜栖息于茶树嫩叶背面吸取汁液。卵散产，常数粒至数十粒成簇产于茶树中下部成叶背面凹陷处。初孵幼虫有足，能短距离爬行，很快固定危害，用口针插入叶片组织内吸取汁液，并在虫体周围分泌白色蜡质。幼虫老熟后大都在茶树中下部或原处化蛹。茶黑刺粉虱能逐年积累，危害严重的茶园往往是多年积累的结果。茶树郁蔽、阴湿、通风不良的茶园容易发生，寄生蜂和寄生菌等天敌对茶黑刺粉虱有较好的控制作用。

茶黑刺粉虱的防控技术措施如下。

（1）农业防治。适时修剪、疏枝、中耕除草，增强树势，促进茶园通风透光，抑制虫口数量。

（2）物理防治。成虫期可用黄板诱杀，每亩用黄板 20～25 片，对控制茶黑刺粉虱的种群数量有很好的作用。

（3）生物防治。通过增加茶园的生物多样性，尽量减少茶园化学农药的使用次数等，保护寄生蜂和寄生菌等天敌，充分发挥天敌的自然控制作用。

（4）化学防治。在虫卵孵化盛末期，使用苦参碱、联苯菊酯、茚虫威和虫螨腈等化学农药。防治成虫以低容量喷扫蓬面为宜，幼虫期提倡侧位喷药，药液重点喷至茶树中下部叶背。

88. 茶丽纹象甲如何防控？

茶丽纹象甲属鞘翅目象甲科，是我国茶园重要的食叶害虫，由于成虫颜色艳丽，有金属光泽，俗称花鸡娘。它最大的特点是具有假死性，当受到惊扰时，可迅速收紧附肢，进入假死状态，椭圆形的身体从叶片表面滚落到地面。成虫咬食新梢叶片，自叶缘咬食，呈许多不规则缺刻，严重时仅留主脉；幼虫栖息土中咬食须根；不但影响茶叶产量、树势，而且加工的茶叶茶汤浑暗、叶底破碎，品质较差。

茶丽纹象甲一年发生 1 代，以老熟幼虫在树冠下表土中越冬。春暖后陆续作茧化蛹，一般 4 月底成虫开始羽化出土，5 月中旬至 6 月为盛发期，8 月上旬零星可见，到 8 月中旬已难寻踪迹。卵散产或三五粒聚集于树冠下落叶或表土中；幼虫栖息于土中，取食有机质和须根，老熟后在表土层化蛹。成虫羽化后先潜伏于表土中，2～3 天后出土取食。成虫善爬动，畏光，具有假死性。一般清晨露水干后开始活动，中午日光较强时多栖息于叶背或枝叶间荫蔽处，下午 2 时至黄昏活动旺盛。

茶丽纹象甲的防控技术措施如下。

（1）人工捕杀。利用成虫的假死性，于成虫盛发期在茶树蓬面取食时振动茶树，使其坠地加以捕杀。

（2）农业防治。秋冬季清园，结合中耕施基肥，深埋茶丛下的枯枝落叶、翻动表土，夏季结合除草翻耕土壤，对表土中的卵、幼虫和蛹均具有良好的杀伤力，防效可达 50%左右。

（3）生物防治。在成虫期喷施白僵菌 871 菌粉，或于成虫盛发期在茶园内放鸡吃虫，如能同时拍打茶树蓬面，使成虫假死落地，鸡的捕食效果更好。

（4）化学防治。防治指标为 15 头/米^2。于成虫盛期喷施 2.5%联苯菊酯乳油 750～1 000 倍液或 50%辛硫磷乳油 1 000 倍液。

89. 茶炭疽病如何防控？

茶炭疽病是我国茶园最为常见的病害。夏秋季茶树叶片上常出现大块的红褐色或灰白色枯焦斑，且成片出现，茶行两侧较多，茶农称为烂叶病或红叶病。叶片枯焦影响光合作用，致使树势衰弱，严重时导致大量落叶，对翌年茶叶产量和品质有明显的影响。

茶炭疽病是一种真菌病害，病原菌以菌丝体在病叶组织中越冬，翌年春季随气温上升，在适宜的条件下形成分生孢子，分生孢子借助雨水飞溅分散传播。病菌多从嫩叶侵入，潜育期较长，从分生孢子侵染到形成大型红褐色病斑一般需 15～30 天。所以，看到病叶时往往已变成成熟叶或老叶。病斑初期呈暗绿色水渍状，常沿叶脉蔓延扩大，逐渐呈褐色或红褐色大型枯斑，后期叶片组织枯死，病斑呈灰白色。病斑大小不一，病叶扭曲，病区与健康部位分界明显。

茶炭疽病分生孢子入侵和菌丝在茶叶中生长扩展与环境温湿度、茶树抗性等关系密切。降水有利于孢子形成、传播和萌发，因此，梅雨期和盛夏过后雨量较多时发生较重。20～30℃有利于炭疽病菌生长发育，所以春夏之交及秋季发展迅速，容易蔓延成灾。早春气温较低，夏季高温干旱，病菌受到抑制。茶炭疽病一年有两个发生高峰，分别在 5—6 月和 8—9 月。茶树不同品种对炭疽病的抗性差异明显，龙井 43 和浙农 139 等品种容易感病，而中茶 108、迎霜和白毫早等抗性较强。另外，地势低洼的积水地段、树荫下和偏施氮肥的茶园发病较重。

茶炭疽病的主要防控技术措施如下。

（1）农业防治。首先，选择抗病品种，如中茶 108 和白毫早等。其次，加强茶园管理，适当增施磷钾肥和有机肥，避免偏施氮肥；低洼的茶园应及时清沟排水，提高茶树抗病力。最后，秋冬季结合深翻施基肥，将病叶深埋可减少翌年病原菌的来源。

（2）生物防治。芽孢杆菌和木霉等生防菌对于抑制炭疽病菌有一定的作用。另外，外源喷施咖啡碱、香茅醇，以及芦柑皮、艾蒿和香樟叶等提取物也有一定的效果。

（3）化学防治。首先，秋冬季用石硫合剂或矿物油封园。其次，对于发病严重的地块，用吡唑醚菌酯、苯醚甲环唑、百菌清等杀菌剂防治。药剂防治应掌握在发病初期或发病前，特别应关注两个关键时期：一是春茶结束后至夏茶萌芽期，对于重修剪的茶树是剪后长出一芽二三叶时。二是夏季干旱结束后至秋茶雨季开始前。在杭州地区分别是5月底至6月初、8月底至9月初。严重的茶园在这两个关键时期分别喷施2次，间隔1个星期。另外，特别需要指出的是采用无人机飞防时，250克/升吡唑醚菌酯在稀释倍数小于200倍时可能有药害。因此，飞防时如选用吡唑醚菌酯应注意剂量，不要太浓，以免出现药害。

90. 茶白星病如何防控?

茶白星病又称点星病、白斑病，是我国山区茶园的一种重要叶部病害，主要危害嫩叶、嫩芽和嫩茎，以嫩叶为主。嫩叶染病初期为针尖大小褐色小点，后逐渐扩大成褐色圆斑，直径大多在0.3～1毫米，最大的可达2毫米。后期病斑边缘紫褐色，中央呈灰褐色至灰白色，散生黑色小粒点，中间凹陷，甚至龟裂形成孔洞。严重危害时，在同一叶片上许多病斑可相互融合成大型病斑，使叶片畸形扭曲、易脱落。感染的新梢生长不良，节间变短，重量减轻；加工后的成茶滋味苦涩、汤色浑暗、易碎、香低，饮用后甚至有肠胃不适感。

茶白星病属低温高湿型病害，一般在气温16～24℃、相对湿度80%以上时发病较重，气温高于25℃时发病减少，在春秋两季多发，5月为发病盛期。所以，高湿多雾、气温偏低的高海拔茶园容易发生，山凹、北坡和幼龄茶园，以及管理水平低，施肥不足、营养不良的茶园也相对较重。另外，与品种抗性也有关系，如黄棪和铁观音抗性较强，而福云6号和菜茶易感病。

茶白星病的主要防控技术措施如下。

（1）农业防治。选用抗病品种。加强茶园培肥管理，适当增施磷钾肥和有机肥，增强树势，提高茶树抗病能力；秋冬季结合深耕施肥，将根际枯枝落叶深埋，减少翌年病菌来源。及时分批多次采摘，减少病菌侵入。发病较重的茶园可在春茶后深修剪。

（2）生物防治。可选用植物性杀菌剂和生物制剂，如从茶籽或油茶饼中提取的茶皂素，100毫克/毫升喷施，防效可达88%。

（3）化学防治。秋冬季用石硫合剂或矿物油封园。发生较严重的茶园合理使用化学农药，春茶萌芽期至鱼叶展开期，可用苯醚甲环唑、甲基硫菌灵、吡唑醚菌酯等喷雾防治，注意安全间隔期。

91. 茶饼病如何防控？

茶饼病又名叶肿病、疱状叶枯病，是重要的茶树芽叶病害。以前主要发生在云南、贵州和四川等海拔相对较高的茶区，但近年来，随着气候变化加剧，我国其他茶区也陆续出现。茶饼病主要危害嫩叶、嫩茎和新梢，花蕾、叶柄及果实上也有发生。嫩叶染病初期为淡黄色或淡红色近圆形透明小斑，之后病斑扩展，正面凹陷，背面凸起，形成疱斑，上覆一层灰白色或粉红色粉状物，后期粉末状物消失，形成淡褐色枯斑，边缘有一灰白圈，形似饼状，病叶卷曲畸形，严重时整个茶蓬的发病嫩叶呈焦枯状，并逐渐凋谢脱落；感病芽叶制成的干茶味苦易碎，严重影响茶叶产量和品质。

茶饼病病原菌为活体营养寄生菌，喜低温、高湿、多雾、少光的环境，对高温、干燥、强光照极为敏感。以菌丝体潜伏于病叶的活组织中越冬和越夏。当平均气温上升到15～20℃、相对湿度高于85%时有利于菌丝体的生长发育，产生担孢子，经风雨传播。一般在春秋季节，海拔较高的茶园发病较重，夏季较轻。不同品种对茶饼病的抗性有明显差异，中小叶种抗性较强，大叶种易感病；管理不善，如施肥不足或偏施氮肥、修剪不合理，过度荫蔽的茶园

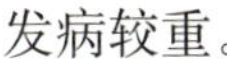

发病较重。

茶饼病的主要防控技术措施如下。

（1）农业防治。选择抗病品种。勤除杂草，保持茶园通风透光。及时分批采摘，尽量少留嫩叶在茶树上可减少侵染机会。选择合适的修剪时机，使新梢萌发避开病害侵染期。适当增施钾肥，增强树势，提高茶树自身的抗性。

（2）生物防治。据试验，武夷菌霉素、多抗霉素和松针水提取液对防治早期茶饼病均有一定的效果。另外，5%氨基寡糖素 115 倍液连续喷施 2 次也有效果。

（3）化学防治。秋冬季用波尔多液或石硫合剂封园。发病初期，选用吡唑醚菌酯、三唑酮、甲基硫菌灵等杀菌剂防治。化学防治应与茶饼病的监测预报相结合，做到精准施药，提高防治效果。

92. 茶树根结线虫病如何防控？

根结线虫是一种高度专化型的杂食性植物病原线虫。除寄生茶树外，还寄生其他 2 000 多种植物，是一种顽固性土壤病害。茶树根结线虫病主要分布在热带茶区，如斯里兰卡、印度和我国广东、海南等茶区。茶树根部受到线虫侵染后，根组织过度生长形成大小不等的根瘤。根瘤大多发生在细根上，感染严重时，可出现次生根瘤，使根系盘结成团，并可诱发其他真菌性和细菌性病害。由于根系受到破坏，水分和养分输送困难，地上部枝梢短小、叶片变小、长势衰弱。受害严重时，叶色发黄，无光泽，叶缘卷曲，甚至导致整株茶树死亡。

茶树根结线虫病以幼虫在土壤中或以成虫和卵在病根内越冬。翌年春季当气温上升至 10℃以上时，线虫开始活动，卵孵化成一龄幼虫，蜕皮后二龄幼虫从卵壳中钻出，迁入土中，成为侵染的幼虫。幼虫在土内的移动距离不远，其传播主要途径为流水、农具、病根的残留组织、病土及带病苗木调运。幼虫从茶树幼嫩根尖侵入，吸取汁液并分泌刺激物使根部细胞形成根瘤，大的似黄豆，小的似菜籽，病根密集成团，外表粗糙呈黄褐色。在适宜的环境条件下，20～30天可完成一代。线虫主要分布在0～20厘米表土内，病害发生轻重与土壤温度、湿度及土壤类型有关。地势高燥、土壤疏松的沙质壤土以及前作为染病寄主的土壤发病较重；土温25～30℃、湿度40%左右时，最适宜线虫发育，10℃以下停止活动，55℃时10分钟内死亡。在无寄主条件下可存活1年。

茶树根结线虫病的主要防控技术措施如下。

（1）加强植物检疫。严禁从病区调运苗木，这是防止该病蔓延到未发生地区最重要的技术措施。

（2）农业防治。增施有机肥，适当增施磷钾肥，加强茶园管理，增强树势可减轻危害。茶园内和四周不要种植易引起该病的台湾相思树。茶树种植前先将老茶树、遮阴树和其他树木连根挖除，焚烧销毁，然后进行全面深翻，深度50厘米以上，然后种植磨擦草或香茅草18～24个月，可根除该病的发生，这是斯里兰卡有根结线虫病茶园的标准做法。如染病土壤作苗圃，要求将土壤暴晒1个月以上，其间每隔10天翻耕1次，或用地膜覆盖，使土温升到40℃以上，或将土壤用深水浸泡1个月以上，以杀死土壤中的线虫和虫卵。

（3）生物防治。主要是食线虫真菌和线虫天敌细菌。前者是一种对根结线虫具有拮抗作用的真菌，后者包括假单胞杆菌和苏云金杆菌等，对根结线虫具有毒杀作用。

（4）化学防治。主要药剂为噻唑膦等杀虫剂。幼苗种植时可以蘸根，已种植的茶园进行灌根。

93. 如何保护茶园天敌昆虫？

天敌昆虫是指自然界中某种生物专门捕食或危害另一种生物，是生物群落中种间的捕食关系或寄生关系，茶园中的捕食天敌有蜘蛛、瓢虫、草蛉、捕食螨、食蚜蝇等，寄生昆虫有寄生蜂和寄生蝇等，均是茶园某些害虫或害螨的天敌。茶树、害虫和天敌三者之间形成了一种互相制约、互相依存的关系，每种害虫往往有数种天敌，各类天敌对茶树害虫表现出明显的自然控制作用。自然生长的山林或茶园很少有严重的病虫害就是因为有天敌。天敌是茶园生物链中不可或缺的组成部分，对于以虫吃虫、维护茶园生态平衡起着十分重要的作用。

天敌昆虫不但能有效控制害虫的种群数量，维持茶园生态平衡，而且可减少农药使用，提高茶叶安全质量，降低环境污染。所以，保护和利用好天敌是开展茶园绿色防控的前提和基础。

（1）改善天敌生存环境。增加茶园的生物多样性，如在茶园四周或茶园内种植遮阴树、合理间作、生草栽培等，不仅可为天敌提供食料，还有利于改善茶园小气候，为天敌的生长和繁殖创造更好的条件。

（2）合理使用农药。所有的化学农药在杀死害虫的同时对天敌也有很大的杀伤力，因此，减少用药、合理用药是保护天敌的重要措施。第一，搞好茶园害虫和天敌的预测预报工作，掌握在病虫对农药最敏感的生育期喷药，而尽量避开天敌的生殖繁育期。第二，严格按照防治指标，能不用药的尽量不用，能少用药的尽量少用，做到适时、适量、准确用药，提高对靶标病虫的防治效果，减轻对天敌的伤害。第三，合理选择农药，优先使用生物农药、植物源和矿物源农药，尽量不用或少用残效期长、广谱性杀虫剂。第四，巧用农药。如对茶尺蠖等有“发虫中心”的害虫，针对“发虫中心”采用局部喷药。第五，合理混用农药，不同作用机制的农药混合使用不但能延缓抗药性的产生，而且能提高药效，减少用药量。

（3）人工繁殖和引进天敌昆虫。当茶园天敌资源不足时，通过人工繁殖、引进和释放天敌，可增加茶园天敌的种类和数量，提高天敌对害虫的自然控制作用。

94 茶园粘虫板如何选择和使用？

茶园粘虫板是利用茶园害虫对特定颜色的趋性，配合粘虫胶，把小型害虫引诱过来粘在色板上达到杀虫效果的一种色板。目前，茶园中经常使用的粘虫板有黄色、蓝色、绿色和黄红双色板等。这是一种物理防治技术，由于其操作简单、安全，无抗药性等不良问题，在我国茶园虫害绿色防控中已得到了广泛应用。除此之外，粘虫板在虫情监测和预测预报中也有良好的作用。

不同颜色的粘虫板防治害虫的种类不同，如黄板主要诱杀黑刺粉虱和蚜虫，对小绿叶蝉、蜡蝉、网蝽和蓟马也有很好的效果；绿板诱杀茶小绿叶蝉；蓝板诱杀各种蓟马；而黄红双色板不仅具有诱杀小绿叶蝉和蓟马等害虫的作用，还能驱避天敌昆虫，被称为天敌友好型粘虫板。在色板的基础上，配以目标害虫的性诱剂则防治效果更好。

粘虫板的使用技术包括悬挂的高度、方向、使用时间和使用量等。粘虫板的悬挂高度应略高于茶树蓬面，一般以高于茶树蓬面10～20厘米为宜，由于小型害虫的飞翔距离和高度有限，太高会降低诱虫效果。粘虫板的方向以板面南北方向为宜，或与茶行平行。使用时间是在害虫的高发前期，如诱杀黑刺粉虱成虫以4月底至5月初为宜，防治小绿叶蝉则以5月中旬至7月下旬为宜。放置色板的数量，一般为每亩20～25片。如果用于虫情监测，则应在害虫发生的初期使用，每亩1～2片；如配合使用诱芯，应将诱芯悬挂于板上方1/3处。

另外，需要指出的是粘虫板在诱捕害虫的同时，对天敌昆虫也有一定的杀伤力。因此，不要长期使用，一般一年使用一次为宜。当虫口密度过大时，仅靠粘虫板是不够的，应和其他防治技术措施相结合。粘虫板使用后，应及时回收集中处理。使用性信息素诱芯时，一旦打开包装袋应尽快使用；不用的诱芯易挥发，需在−15～−5℃冰箱中冷藏。

95. 茶园性信息素诱捕器如何使用？

昆虫性信息素是雌雄昆虫交流的信息物质。雄虫利用雌虫释放的性信息素寻找雌虫，进而达到交配和繁殖的目的。每一种昆虫有其独有的性信息素，通过提取、仿造合成这种性信息素作为引诱剂，诱杀雄成虫，造成田间雌雄害虫比例失调，使下一代虫口密度大幅度下降，以此来防治及监控害虫。茶园性信息素诱捕器是利用特定昆虫信息素防治害虫的一种装置，它是一种生物防治技术，具有灵敏度高、专一性强、防治效果好、使用方便、不污染环境、不杀伤天敌及价格低廉等特点，已成为害虫绿色防控的重要组成部分。

茶园常用的性信息素诱捕器主要诱捕茶尺蠖、灰茶尺蠖、茶毛虫、茶细蛾、茶卷叶蛾、茶黑毒蛾和斜纹夜蛾等害虫，已累计推广应用数百万亩。除了性信息素外，还有聚集信息素，即利用一些小型害虫如蓟马会分泌聚集信息素形成种群聚集，从而达到集中防治的目的。诱捕器的类型有船形、桶形和三角形等，诱捕器内置性信息素诱芯以及强力粘虫胶等。

性信息素诱捕器在成虫高峰前期使用。不同类型的诱捕器中，以船形诱捕效果较好，茶尺蠖等成虫容易飞进去。性信息素在田间的扩散主要是通过气流带动，所以，诱捕器最好放在茶园的上风口，诱捕器的口与风向一致。诱捕器的悬挂高度以茶树蓬面上方20厘米以内为宜，每亩放置3～5套，最好大面积连片使用，以防相邻茶园再次危害。

另外，需要注意的是性信息素诱芯一旦打开包装袋，应尽快用完。不用的诱芯易挥发，需在－15～－5℃冰箱中冷藏。当诱捕量较大时，即粘胶纸被虫粘满后，应及时更换。信息素诱芯可以使用1个月。当诱捕器使用结束后应及时回收，集中处理。

96. 茶园杀虫灯如何选择和使用？

杀虫灯是根据昆虫具有趋光性的特点，利用害虫敏感的特定光谱作为诱虫光源，将其诱集并杀死的专用装置。灯光诱虫是一种物理防治技术，目前的杀虫灯采用了现代的光、电、数控技术以及生物信息技术等，具有防治成本低、用工少、效果好、没有残留、副作用小等特点，已在茶园绿色防控及害虫监测中得到广泛应用。

杀虫灯诱杀的害虫包括绝大多数鳞翅目害虫和一些半翅目、鞘翅目害虫，如茶尺蠖、灰茶尺蠖、茶毛虫、茶小绿叶蝉和金龟子等。和以前的黑光灯相比，目前的杀虫灯在技术上已有极大的改进，如光源由宽波灯改为狭波灯，与害虫特定的趋光波长吻合，不但提高了对害虫的诱杀效果，而且减少了对天敌昆虫的误杀，并通过太阳能板提供电源，解决山区茶园的电源问题，灯源改为 LED 灯，使用更为安全、方便、精准、高效，寿命也更长。茶园常用的杀虫灯有两种，即频振式杀虫灯和风吸式杀虫灯，前者通过高压电击将虫杀死，对体型较大的蛾类成虫和金龟子效果较好，后者通过风扇将昆虫吸入集虫装置后风干而死，对茶小绿叶蝉和蜡蝉等小型害虫防效更高。因此，应根据茶园主要害虫的类型选择安装。杀虫灯最好成片规模化使用，这样防控效果更好。

杀虫灯的悬挂高度以高于茶树蓬面 40～60 厘米为宜。每盏杀虫灯平均可管控 20～30 亩茶园。杀虫灯除杀灭害虫外，对天敌昆虫也有影响。因此，在使用过程中为减少对天敌的伤害，切忌开“长明灯”，即天天开，每天从天黑一直开到第二天天亮。要求只在害虫发生高峰期集中开灯，在害虫非高发期，每周只开一次灯，而且只在天黑之后开灯工作 3 小时。因此，宜设置光控模式，在夜幕降临后杀虫灯自动开启，工作 3 小时后自动关闭。在天敌昆虫盛发期不开灯；在夜间温度低于 15℃的秋末至翌年春季不开灯。另外，杀虫灯需要定期维护，如检查电源、擦拭灯管和打扫虫垢等，以保证其高效工作。

97. 化学农药如何科学合理使用?

虽然我们在大量推广应用农业、物理和生物防治技术，但由于化学农药具有作用快、效果好、使用简便、受环境条件影响小等优点，在茶树病虫草害防治中仍无法完全替代。而化学农药使用不

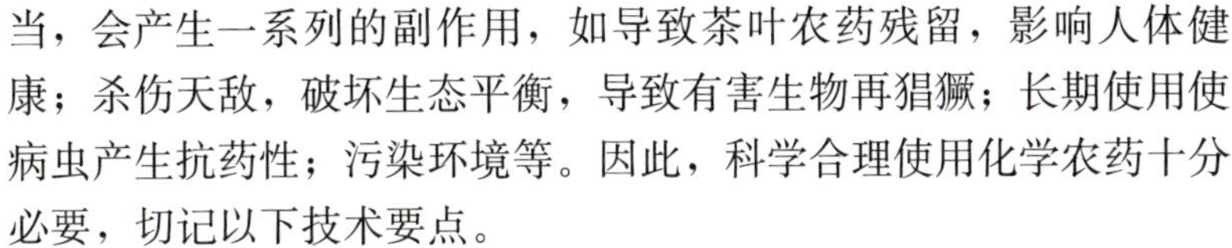

当，会产生一系列的副作用，如导致茶叶农药残留，影响人体健康；杀伤天敌，破坏生态平衡，导致有害生物再猖獗；长期使用使病虫产生抗药性；污染环境等。因此，科学合理使用化学农药十分必要，切记以下技术要点。

（1）准确选用农药品种。这是降低化学农药毒副作用的关键！首先，不用国家禁止或限制在茶树上使用的农药及其混配制剂；由于茶叶是经水冲泡饮用，因此不宜使用水溶性高的农药。其次，优先选用植物源、矿物源、微生物源农药，当这些农药无法替代时，再选择高效、低毒、低残留、安全间隔期短的化学农药。最后，根据茶树病虫发生特点有针对性地选择合适的农药，对刺吸式害虫如小绿叶蝉、黑刺粉虱和蓟马等，选用具有较强触杀兼内吸性的药剂；对食叶类害虫如茶尺蠖、茶毛虫和刺蛾等害虫，选用具有胃毒兼触杀毒性的药剂；对螨类最好选用有较强杀卵作用的杀螨剂；对粉虱和蚧类应选用触杀性强、对蜡和蚧壳有强烈渗透性或腐蚀力的药剂；防治叶部病害应选用既有保护效果，又具治疗效果的杀菌剂。

（2）适时用药。首先，必须做好病虫预测预报，并知道不同病虫的防治指标，这是适时用药的基础。其次，要根据病虫特性，选择病虫生长发育过程中的薄弱环节及时喷药，这样既有效又经济。对鳞翅目害虫应选择在低龄阶段用药，对粉虱和蚧类应选择在初孵期用药；对茶树病害，应在发生初期及时喷药。最后，必须考虑保护茶园生态平衡，不能见虫就治，要在病虫数量达到防治指标时才喷药。

（3）适当的使用剂量和浓度。根据农药的有效成分含量和防治对象确定农药的使用剂量和浓度，同时考虑兼治的对象。一般按农药说明书用药，防止盲目提高或降低用药剂量和浓度。剂量不足会使药效不足，剂量过高则不但增加成本，而且提高茶叶中的残留量。另外，无论是剂量不足还是过高，均会诱使害虫产生抗药性。

（4）良好的喷药技术。喷药要求均匀，并且使农药尽可能多地喷撒到病虫和茶树上。雾液过大易于流失，药效较差；雾液过小易于飘失，不易达到茶树靶标。应选用超低容量喷雾器、静电喷雾器、机动弥雾机、无人机等高效施药器械。蓬面害虫实行蓬面扫喷，茶丛中下部害虫采用侧位喷雾，叶背害虫实行仰喷等方式，努力提高喷施效果。

（5）轮换用药和合理混用农药。为降低病虫出现抗药性的概率，应尽量减少对同一种病虫连续多次使用同一种或同一类农药。每年使用同一种（类）农药的次数，以 1～2 次为宜。同时，应尽量轮换选用具有不同抗病杀虫机理的农药，有不同病虫同时存在时，合理混用农药，以延缓抗药性的产生，减少农药的使用次数。

严格按安全间隔期采茶。安全间隔期是指农药喷施到茶树上后距采摘的最少间隔天数。其长短取决于农药在茶树上的最高允许残留量和该农药在茶树上的降解速率。最高允许残留量低、降解速率慢的农药安全间隔期长，反之则短。安全间隔期还与使用剂量和使用方法有关。为了确保采下的鲜叶加工制成干茶后农药残留量符合标准，必须严格按安全间隔期采茶。

98. 有机茶园病虫害如何防控？

有机茶园是指生产环境未受污染，茶叶生产过程按照有机农业的基本原则和要求，遵循自然规律和生态学原理，协调种植业和养殖业的平衡，采取有利于生态和环境可持续发展的农业生产技术，不使用化学合成的农药、肥料、生长调节剂和基因工程技术及产品，按照国内外有关标准经专业机构认证的茶园。由于有机茶园禁止使用化学农药。因此，在病虫害防控过程中，只能使用农业防控、物理机械防控和生物防控技术措施。

农业防控措施是基础和前提，必须优先采用。第一，茶树种植时选用抗病抗虫品种。如山区茶园低温高湿，白星病较为严重，可选择黄棪等抗病性较强的品种。第二，中耕除草，特别是秋冬季结合施基肥深翻土壤，将茶蓬下的枯枝落叶深埋，可消灭越冬害虫，减少翌年虫口基数；小绿叶蝉数量与茶园杂草关系密切，及时除草对于恶化小绿叶蝉的生存环境作用明显。第三，合理施肥，增强茶树树势，提高对病虫的抵抗力。如病害较严重的茶园可适当增施钾镁肥。第四，合理间作，提高茶园生物多样性，增加茶园蜘蛛、寄生蜂等天敌的种类和数量。另外，喷灌和修剪等田间技术措施对于减少病虫的数量也有一定的作用。

大力采用物理机械防控技术。主要通过灯光、色板、诱捕器等诱杀害虫。常见的杀虫灯有频振式和风吸式杀虫灯，频振式杀虫灯主要诱杀体型较大的蛾类成虫，风吸式杀虫灯诱杀小型害虫如小绿叶蝉和黑刺粉虱等效果更好。色板有黄板、蓝板、绿板和黄红双色板等，黄板对诱杀黑刺粉虱、蚜虫、小绿叶蝉、蜡蝉、网蝽和蓟马等均有良好的效果，绿板主要诱杀茶小绿叶蝉，蓝板诱杀蓟马，而黄红双色板不但能诱杀小绿叶蝉和蓟马等害虫，而且能驱避天敌昆虫，可优先使用。

生物防控技术主要包括保护、释放天敌和使用生物防控制剂等，这也是有机茶园病虫害防控最重要的技术措施。通过合理间作可提高茶园生物多样性，增加天敌的种类和数量；工厂化繁殖，释放七星瓢虫、基徵草蛉、赤眼蜂和捕食螨等天敌昆虫；喷施茶尺蠖和茶毛虫核型多角体病毒、白僵菌和苏云金杆菌制剂等。

有机茶园也允许使用部分植物、动物和矿物源植保产品，在农业、物理机械和生物防控措施无法奏效时可考虑使用。植物源农药主要有印楝素、苦参碱、鱼藤酮和藜芦根茎提取物等，矿物源农药有石硫合剂、波尔多液、矿物油等，可根据病虫种类和特点选择使用。

99. 茶园昆虫病毒杀虫剂如何使用？

昆虫病毒杀虫剂是针对以某一昆虫为宿主的病毒，通过人工培育、收集、提纯、加工而成的生物农药。它具有专一性强、安全高效、无残留、无污染、对人畜安全等特点。茶园常见的昆虫病毒杀虫剂有茶尺蠖病毒和茶毛虫病毒等，其中茶尺蠖病毒只对茶尺蠖和灰茶尺蠖有效，茶毛虫病毒只对茶毛虫有效，对其他昆虫和动植物均没有影响。病毒杀虫剂使用后，它只感染宿主昆虫茶尺蠖或茶毛虫幼虫，并在其活体内生长繁殖，感染前期幼虫仍能正常取食生长，经过10余天后幼虫停止取食，继而出现虫体变软，体内组织液化，病死的虫体倒挂在茶枝上。这时虫体内充满大量的病毒粒子，若虫体破裂可释放出病毒粒子，并随风、雨及昆虫、鸟类的活动而传播，感染其他茶尺蠖或茶毛虫幼虫，从而较长时间控制此后各代茶尺蠖或茶毛虫的种群数量。

目前，生产上推广的病毒杀虫剂是茶尺蠖或茶毛虫核型多角体病毒与苏云金杆菌的复合制剂茶核·苏云菌悬浮剂。使用手动喷雾器、弥雾机等常用器械进行喷洒，使用时充分摇匀。由于茶尺蠖和茶毛虫均有“发虫中心”，应对“发虫中心”，特别是第一代低龄（一至二龄）幼虫进行重点喷洒，每亩75～100毫升；如果用茶尺蠖病毒制剂防治灰茶尺蠖，由于其敏感性稍差，最好选择一龄幼虫期，喷施浓度宜加倍。另外，由于病毒对高温和紫外线较敏感，宜选择春秋阴天或太阳下山后喷药，避免中午阳光直射时喷药，也不宜在夏天使用，施药后1天内遇雨重喷，而且不能与碱性农药混用。茶尺蠖除第一代外，第二、五和六代也不能使用，茶毛虫第二代由于发生在春秋季，可考虑使用。为了提高整体防治效果和兼治其他害虫，如有必要，在非有机茶园也可以添加化学农药混合喷施，但不能与杀菌剂混用。茶尺蠖或茶毛虫病毒对家蚕有毒，不能在桑园和养蚕场所及附近使用。病毒杀虫剂在贮藏时避免阳光直射，在阴凉处保存，最好冷藏。

100. 成龄茶园如何防治杂草？

杂草与茶树争光、争水、争肥，影响茶叶的产量和品质，许多杂草还是叶蝉、蚜虫和螨类等茶树病虫害的中间寄主。因此，防治茶园杂草对于减少病虫害、提高茶叶产量和品质具有明显的作用。幼龄茶园由于茶苗矮小，行间空隙大，土壤裸露、阳光充足，往往杂草繁多，需要通过行间铺草、铺防草布或地膜，以及人工除草等防治杂草。成龄茶园覆盖度较高，管理良好的茶园往往杂草较少，而缺株断行严重、覆盖度较低的茶园杂草较多。因此，成龄茶园杂草防治首先是建园前清除宿根性杂草，快速成园并保持良好的树冠管理，在此基础上采取有针对性的茶园杂草防治技术才能取得良好的效果。

第一，建园前彻底清除再生能力强的宿根性杂草，种植时合理密植，幼龄茶园快速培养成园，消除积水区域。铁芒萁、茅草、空心莲子草和矮竹等再生能力很强的宿根性植物在茶园土壤整理时必须彻底清理出园，否则后患无穷。茶树种植时应合理密植，避免茶树行间过宽、空地过多。茶树行距以 1.5 米左右为宜，不得超过 1.8 米。新种植的幼龄茶园应加强管理，定型修剪、施肥、病虫草害防治等科学到位，让茶苗快速成长，提高覆盖度，及时补缺。渍水区域容易生长杂草，这些地方应及时排出积水，提高土壤通透性。

第二，加强树冠管理，提高茶园覆盖度。土壤裸露是杂草生长的首要条件，因此，除了前面提到的合理密植和促进幼龄茶园快速成园外，对成龄茶园应加强树冠管理，茶园覆盖度保持在 90%左右，行间只留 20 厘米左右的空隙。茶树的高度保持在 80 厘米以上。对于绝大多数茶园不要台刈，重修剪时先剪平面，再修边，将行间没有剪到的突出枝条剪去，切勿边缘修剪过度，导致行间过宽，为杂草生长创造条件。

第三，针对茶园不同杂草采取有针对性的防治策略。茶园杂草种类繁多，有的高大，有的低矮，有的直立，有的藤蔓，有的再生能力极强，有的生长缓慢。对不同类型的杂草要区别对待，对于那些根系挖除困难且根系中又含有大量贮藏营养的植物，如矮竹和铁芒萁等，枝叶一露头就应将其清除，不断减少杂草体内的贮藏养分，这样经过多次操作后，这些杂草可明显减少或消灭；对于再生能力极强的杂草，如空心莲子草和络石等，每一个节间都能生根繁殖，一经发现应立即斩草除根，除草时应将根和枝叶全部移出园

外；对于藤本类杂草，如萝藦、栝楼、海金沙和木防己等，发现后也应及时清除，否则会爬满整个茶蓬，严重影响茶树的光合作用和采摘；对于低矮的一、二年生杂草，或没有超过茶树高度的杂草，数量较少时不需防治。只要不是恶性的，茶园内有一定的杂草并不影响茶叶产量和品质，还能提高茶园覆盖度，降低雨水径流速度，防止水土流失，提高生物多样性，有利于茶园生态建设。

第四，茶园杂草防治的方法有人工除草、机械割草、畜禽控草、以草控草和化学治草等。对于成龄茶园，人工除草主要是清除恶性的、需连根拔除的杂草或茶树蓬面上的藤本类杂草。机械割草主要是用割草机将田间地头和坡坎上过高的杂草割矮，保留草根。畜禽控草是通过在茶园内养羊、鸡和鹅等食草畜禽来控制杂草生长。放养数量应根据畜禽的种类、大小和茶园草量来确定，一般每亩茶园以养羊 1～2 头或养鹅 4～5 只为宜。如果茶树行间较宽，采用种草养畜禽，既可控杂草，又能增加畜禽的饲养量，取得更好的经济效益。以草控草是在茶树行间种植绿肥、牧草，或荠菜、马兰等野菜，人为调整和控制草相，使绿肥、牧草和野菜占据行间空地，从而抑制恶性杂草滋生。化学治草是利用化学治草剂防治杂草，这种方法虽然治草效果好，但会对茶树和土壤造成一定的污染，应尽量少用。

101. 茶园化学除草剂有哪些？如何科学使用？

化学除草剂因其快速高效、成本低等优点，在生产实践中易被接受与广泛使用。但使用化学除草剂会带来明显的质量安全和生态环境问题。如茶叶中的农药残留；不合理使用导致茶树新梢和叶片的畸形、褪绿、坏死和落叶等药害；除草剂使用后导致土壤裸露，加剧水土流失；残留在土壤中的除草剂对土壤蚯蚓和微生物群落的影响；通过地表径流和渗透作用污染周围环境等。另外，长期使用化学除草剂，杂草也容易产生抗药性。因此，科学合理使用除草剂十分重要。

目前，我国登记在册可在茶园中使用的除草剂共有六大类，分别为草甘膦（草甘膦铵盐、草甘膦异丙胺盐、草甘膦钾盐）、草铵膦、灭草松、西玛津、扑草净和莠去津。草甘膦、草铵膦和灭草松是茎叶处理剂，其施用位置为出土杂草的茎叶，通过地上部茎叶的吸收而发挥作用。草甘膦属于灭生性内吸传导型茎叶处理剂，没有选择性，能够杀死喷洒到的所有植物，其被植物茎叶吸收后，还可输送到地下根系，从而彻底杀灭杂草，具有除草起效快、时效长、效果好的特点。草甘膦在杀死杂草的同时，也容易对茶树造成药害。草铵膦属于灭生性触杀型茎叶处理剂，对杂草种类没有选择性，只对喷洒到的部位有杀灭作用，由于没有内吸性，无法杀灭地下部根系及匍匐茎。所以，对当季杂草控效较好，但持效性较差。灭草松属于选择性触杀型茎叶处理剂，只对阔叶杂草有效，对禾本科杂草无效，且没有内吸性，对根系也没有杀灭作用。西玛津、扑草净和莠去津属于土壤处理剂，使用于土壤表层，通过杂草的根、芽鞘或者下胚轴等部位吸收而发挥作用。这三类除草剂对于未出土的杂草防治效果较好，对已出土的杂草防效较差。这三类除草剂均具有选择性，即仅对部分杂草有杀灭作用，其中西玛津和莠去津主要防治一年生杂草，而扑草净对阔叶类杂草有效。另外，近年来还有两种暂未获得农药登记的新型除草剂艾敌达和除草醋，在茶园除草试验上得到了初步应用，其除草效果不亚于传统化学除草剂。这两种除草剂均属于非选择性触杀型茎叶处理剂，对杂草无选择性，仅对接触部分具有灭杀作用。艾敌达有效成分为石蜡油乳油，属于矿物源除草剂，主要作用机制为阻断植物光合系统的电子传递链，造成植物绿色组织内氧自由基迅速累积，叶片迅速凋萎并干枯至死，该除草剂接触土壤后自动丧失生物活性。除草醋有效成分是竹木醋液，属于植物源除草剂，主要通过竹木醋液中富含的酸性物质破坏植物细胞达到除草目的，具有一定的除草功效。相较于传统的化学除草剂，艾敌达和除草醋具有较好的环境友好性能。

科学合理使用除草剂技术要点：首先，根据杂草生长特性，有针对性地选择除草剂的种类，对于已经长出的杂草，使用茎叶处理

剂，而对于尚未长出的杂草，使用土壤处理剂。茎叶处理剂在无风的晴天喷施，土壤处理剂应在无露水的条件下喷施。除草剂的使用浓度和剂量要考虑杂草的种群密度、发育程度和当时的天气，浓度按除草剂使用标准严格掌握，剂量为大草重施，嫩草轻施。任何类型的除草剂，严禁将药液喷洒或飘移到茶树上，否则会引起药害和农药残留。为避免或减轻杂草产生抗药性，每季只能使用一次。总之，要牢固树立生态茶园建设观念，茶园中有一定的杂草不仅无害，反而对减少水土流失、提高茶园生物多样性有利，应尽量少用或不用化学除草剂！

102. 割灌机除草有哪些操作技术要点？

割灌机又名割草机、机动镰、除草机等，是一种供单人使用的便携式园林机械，主要用于割除茶园及其周围的杂草和低矮灌木。其结构紧凑、重量轻、操作灵活，是一种理想的除草机械。割灌机由一台小型汽油动力机、传动杆和割草旋盘组成，其中割草旋盘的工作头部分有刀片和尼龙头（打草绳）两种，其利用汽油机的动力通过传动系统带动割草旋盘上的刀片或尼龙头高速旋转把杂草切断，从而起到除草的作用。和人工除草相比，割灌机不但除草工效高，成本低，而且有保持水土的作用。

割灌机头部选择刀片还是尼龙头视工作环境而定，如杂草中灌木较多，地势平坦，没有石块等杂物时可用刀片；杂草种类以一、二年生为主的茶园，宜选择尼龙头。特别需要指出的是，对于绝大多数茶园，由于杂草长在地边坎头，地面高低不平，用尼龙头更为安全，少量灌木可先用柴刀人工砍除。尼龙头长度视茶行的行距和杂草的高矮而定，如行距较宽、杂草又长得较高时，尼龙头可取长一些，反之则短一点，但尼龙头以不超过 15 厘米为宜。杂草高度在 15 厘米以下时割草效果较好；如杂草长得过高，最好分两步进行，先割上部，再割下部。尽量避开粗大的杂草或灌木，以防尼龙头折断，必要时可在机器割草前，先人工砍除。

割灌机的安全使用十分重要。操作人员必须经过培训，首次使用前要仔细阅读说明书，严禁酒后、疲劳、患病者操作割灌机。要穿紧身的长袖上衣和长裤，不要穿短袖、裙子及穿戴围巾、领带等进行作业，并且必须按规定穿工作服，戴头盔、防护眼镜、手套，穿防滑工作鞋等。加油前须关闭发动机。工作中无燃油时，应停机3分钟，待发动机冷却后再加油，且油料不能溢出，如果溢出，应擦拭干净后再加油。机器工作时无关人员应距离3米以上，以防被抛出来的刀片和杂物伤害。机器运输中应关闭发动机，刀片上一定要有保护装置，搬动时要使刀片向前方。只能用厂家配备的尼龙头作切割头，严禁用钢丝替代。

除了割草，割灌机还可以用来对茶树进行重修剪和台刈。此作业时用刀片，操作机械时应做到“稳、准、狠”。操作机械要稳，不要激烈晃动，以免造成机械损坏或伤及人身；刀口对准剪口，该剪的剪，该留的留，不要犹豫不决，动作不迟疑、不激进；直径在3厘米以上的枝条要分2～3次剪，避免损伤刀片。

第六章 茶园抗逆和低产低效茶园改造技术

103. 茶园“倒春寒”如何防控？

“倒春寒”也叫晚霜冻害，是指初春气温回升后，北方冷空气南下，导致气温骤降，并常伴随霜冻，对萌发新梢造成严重冻害的现象。随着全球气候变化加剧，“倒春寒”等极端天气频繁发生，给茶叶生产，特别是春季名优茶生产带来了严重的危害。由于特早生和早生良种的普及，“倒春寒”是目前长江中下游茶区最重要的气象灾害。茶园“倒春寒”防控必须从三个层面入手，即平时采取以“品种搭配和改善茶园小气候”为核心的预防技术，晚霜冻害来临时采取以“覆盖、喷灌和打开风扇”为核心的应急防控措施，晚霜冻害过后采取以“树冠修剪和培肥管理”为核心的恢复生产技术，三者配套形成茶树“倒春寒”综合防控技术。

（1）“倒春寒”预防技术措施。第一，选择抗冻良种。第二，发芽时间不同的品种合理搭配，即特早生、早生和中晚生品种合理搭配，不仅可避免单一品种全军覆没，还能缓解采摘“洪峰”，有利于安排劳动力和机械设备。一般来说，对于面积较大的茶场，可选择4～6个品种，特早生品种占50%，早生和中生品种占40%，晚生品种占10%；而对于面积较小的茶场，则选择2～3个品种，特早生和早生品种占70%，中晚生品种占30%。对于极易发生晚霜冻害的高山或北方茶区，不宜种植特早生品种。第三，选择合适的建园地点。对于经常发生霜冻的地区，建园时应避开低洼的山涧、风口或风道等地，而选择背风朝南或向阳的坡地茶园，水库、河流等大面积水域附近的茶园，晚霜冻害往往较轻。第四，改善茶园小气候，在茶园四周或茶园内种植防护林或遮阴树，阻挡寒风，减轻霜冻危害。第五，平衡施肥、合理养蓬，提高茶树抗性。要求施足基肥，适当提早封园，冬春季有干旱的茶区，入冬前灌水保湿，提高土壤热容量。第六，加强基础设施建设，特别是建设防冻风扇、喷灌和覆盖设施，以便“倒春寒”来临时能采取及时有效的防控技术措施。

（2）“倒春寒”来临时的应急技术措施。对于春季茶芽萌动生长期，如天气预报气温降到 4℃以下时一般应采取应急防控措施。首先，对于已达采摘标准的新梢，必须集中劳力抢采。其次，采用打开防冻风扇、喷灌除霜或覆盖防冻等应急措施。

防冻风扇是利用春季近地层大气的逆温现象，将空中温度相对较高的空气吹到茶树蓬面，减少霜冻的发生。防冻风扇采用三相异步电机，功率 3 000 瓦，安装高度 6 米、俯角 30°，平均每 1.5 亩安装 1 台，茶芽萌动后当气温降到 4℃以下时自动开启风扇，日出后（早上 7 时左右）关机。

喷灌除霜是利用水的热容量较高，喷灌可防止冷空气侵入，阻止茶树蓬面结霜，提高茶园温度，从而有效降低冻害的发生。当气温降至 0℃左右时，于凌晨 3 时左右开启喷灌，早上 7 时左右停机。

蓬面覆盖是低温来临前在茶树蓬面覆盖无纺布、遮阳网、稻草和作物秸秆等材料以阻止新梢结霜，减少霜冻的发生，其中无纺布、稻草和作物秸秆等材料覆盖的效果优于遮阳网；如果搭棚覆盖，棚离蓬面 10～20 厘米效果更好。要求在低温前一天覆盖，当低温过去，气温回升后揭去覆盖物。另外，大棚茶园，由于温室效应明显，可有效避免或减轻倒春寒的危害。但大棚覆盖时间不宜过长，以免影响茶叶产量和品质，一般在采摘前 10 天盖膜，既可促进茶芽生长，提高早期名优茶产量，又能有效预防倒春寒。

（3）灾后恢复生产技术措施。晚霜冻害发生后，尽管采取了一些技术措施，但要完全避免霜冻危害十分困难。因此，宜采取一些补救措施，常用的有整枝修剪、增施速效肥和加强留养等。

整枝修剪是将冻死的茶树枝条剪去，以刺激剪口下定芽或不定芽萌发生长。整枝修剪宜轻不宜重，只把枝条彻底冻死的部分剪除，如叶片和腋芽受冻，但枝条略有冻伤或未受伤的应少剪甚至不剪；修剪时间掌握在春季气温回升且基本稳定后尽快进行，不要剪得过早，以防修剪的枝条再次受冻。对于受冻后不再采春茶的茶园，可于此时进行定型修剪或重修剪。对于不需修剪的茶树，表层受冻新梢最好能采除，这样有利于下层新梢的萌发生长。

及时中耕除草、增施速效肥。冻害发生后，应及时开沟排水，中耕除草，疏松土壤，提高土壤通气性，以利根系生长和养分吸收。同时，在气温回升后，及时施用速效肥，如尿素或复合肥，补充养分。

留养新叶，加强树冠培养。对于经过整枝修剪、高度符合要求的茶树，夏秋茶应多留少采，以尽快恢复树势；对于未修剪或修剪高度不达预期的茶树，春茶结束后可适当进行修剪，但修剪宜轻不宜重，剪后要加强留养。

104 茶园冬季低温冻害如何防控？

冬季低温冻害是冬季来自北方的强冷空气或寒潮入侵，造成气温降到0℃以下，并伴有降雪、冻雨等天气，使茶树体内结冰而受到损伤的农业气象灾害。当冻害发生时，除了低温对茶树蓬面叶片和枝条造成伤害外，还可使土壤冻结，土壤水分不易被茶树吸收利用，导致茶树缺水，如伴随大风，则会进一步加重冻害。

茶树冬季冻害的类型主要有冰冻、风冻和雪冻。冰冻是由于气温过低，导致茶树细胞间隙或细胞结冰引起的损伤。风冻是指低温条件下，寒风使茶树体内的水分迅速蒸发，导致茶叶干枯，加重茶树冻害的现象。雪冻是当茶树积雪过厚，多次融化、结冰、解冻过程使茶树枝叶受到伤害的现象。在生产实际中，不同类型的冻害常常交织在一起，从而加重冻害的发生。

茶树冻害需要从品种、栽培管理和生态茶园建设等多方面采取综合防控措施。第一，选择抗寒能力强的优良品种，一般中小叶种的抗寒性优于大叶种，叶肉厚、叶色深、保护组织发达的品种抗冻能力较强，而叶肉薄、叶色浅、保护组织不发达的品种易受低温冻害。第二，对于经常发生冻害的地区，宜选择朝南、背风、向阳的地方种茶，并尽量避开山脊、风口和低洼处。第三，加强茶园管理，提高茶树抗寒能力。如施足基肥，有机肥与复合肥配合；加培客土，行间覆盖秸秆、杂草、稻壳和防草布等有利于提高茶园温度，减轻冻害；对于冬季有干旱的茶区，入冬前灌溉也有利于提高土壤温度。第四，改善茶园小气候，在茶园四周，特别是北风来的方向种植防护林，阻挡寒流；冻害严重的茶区，宜修建拱棚或防风障等设施，提高茶树的御寒能力。

茶树遭受低温冻害后，在气温回暖时应及时整枝修剪和施速效肥，以加快树势恢复，减少损失。整枝修剪在春季茶芽萌动前进行，剪去受冻枝叶，特别需要提醒的是修剪宜轻不宜重，表层枝叶未冻死的宜轻修剪或不修剪，表层枝叶冻死的则剪去枯死枝条。修剪过重会推迟春茶萌发时间，降低产量。气温回升后，浅耕除草改善土壤透气状况，有利于增强根系活力；施尿素和叶面肥可以促进茶树生长发育，提高春茶产量和品质。

105. 茶园高温热害如何防控？

高温热害是连续高温对茶树生长发育及产量和品质造成损害的一种农业气象灾害。随着全球气候变暖，持续高温干旱等极端天气频繁发生，对茶叶生产造成了严重的影响。如2013年和2022年南方茶区最高气温连续在39℃以上，有时甚至超过41℃，且持续时间较长，导致茶树叶片灼伤、枯萎、脱落，部分枝条干枯甚至整株茶树死亡。热害症状还常常表现为新梢上午挺立，午后随着温度升高萎蔫下垂；新生幼嫩叶片由于对高温的抵抗力较弱首先灼伤，出现失绿、焦斑或枯萎；受害顺序表现为先嫩叶芽梢，后成叶和老

叶，先蓬面表层叶片，后中下部叶片。高温热害主要有以下防控技术要点。

（1）灌溉。包括浇灌、喷灌和滴灌，是最有效的技术措施。灌溉不但能补充水分，而且能明显降低大气温度。首次灌溉要使土壤湿透，在晴天早晚或夜间进行，如连续无雨，每隔 2～3 天灌溉一次。每次灌水量在 10 毫米以上。

（2）地表覆盖。高温来临前在茶树行间或茶行两侧覆盖作物秸秆或杂草，厚度以 10 厘米左右为宜，既能减少水分蒸发，又能降低地表温度，具有良好的保水效果。

（3）茶树上方架设遮阳网。这可阻挡烈日暴晒，降低叶面温度，防止叶片灼伤。遮阳网离茶树蓬面的距离应在 50 厘米以上，切勿直接覆盖在茶树蓬面上，否则会加重危害。

（4）停止剪采、耕作和除草等田间作业。对于极端的高温干旱天气，缓解前应停止采摘、打顶、修剪、耕作、施肥和除草等农事作业，待高温干旱过后再进行田间作业。

（5）高温干旱缓解后的恢复技术措施。第一，施速效肥。雨后土壤潮湿时及时施尿素或复合肥，每亩 20～30 千克，如能结合松土，效果更好；在土壤施肥的同时，喷施营养型的叶面肥也有很好的效果。第二，整枝修剪。受害茶树叶片有焦斑或脱落、但顶部枝条仍然活着的茶树，不要修剪，可让茶树自行发芽，恢复生长；对于受害特别严重、蓬面枝条枯死的茶园进行修剪，剪去枯死枝条，但要注意宜轻不宜重。第三，留养秋茶。夏秋茶多留少采，提早封园，平面机采树冠秋后或第二年早春剪平。第四，对于死亡率较高的幼龄茶园归并补缺；个别地块茶树旱死的茶园，应彻底深翻、加培客土，根除土壤障碍因子后再行种植；不适合茶树生长发育的地块则改作他用。第五，加强茶园基础设施建设。对于极端气象灾害频繁发生的茶园，应完善排、蓄、灌水利系统，建立喷灌和滴灌设施，改善茶园生态环境，做好应对不良气象灾害的准备。

106. 茶园干旱如何防控？

干旱是指长期无雨或少雨，导致土壤水分不足，茶树水分平衡遭到破坏而影响茶树生长发育，茶叶产量和品质降低的气象灾害。干旱可分为土壤干旱、大气干旱和生理干旱三种类型。土壤干旱是由于土壤缺水，茶树根系吸收不到足够的水分去补偿蒸腾消耗所造成的危害。大气干旱是空气干燥，经常伴有一定的风力，虽然土壤不缺水，但由于蒸腾强烈，使茶树供水不足而形成的危害。生理干旱是在不良的环境条件下，如土壤温度过高或过低，土壤积水，施肥过多引起的土壤溶液浓度过高，或茶树因除草剂等药害，使茶树发生生理障碍，导致植株水分平衡失调所造成的损害。茶园干旱主要是土壤干旱，大气干旱和生理干旱发生较少。土壤干旱以夏季高温少雨引起的伏旱居多，秋冬季或春季长期少雨导致的季节性干旱在不同茶区也时有发生。

茶树干旱发生时，部分叶片逐渐失绿、产生褐斑，轻度卷曲和变形；随着受害程度加重，多数叶片变红褐色、卷曲、萎蔫，顶端芽梢相对较好；但干旱进一步加重后，叶片枯焦脱落，甚至枝梢枯死。极端干旱且持续时间较长时，可导致整株茶树死亡。旱害常常与热害同时发生，俗称旱热害，具体表现为新梢生育停滞、幼嫩茎叶枯焦、叶片枯萎脱落、枝叶由上而下逐渐枯死，甚至整株枯死。

茶园干旱发生的原因：第一，发生旱害的茶园大都土层浅薄，或地下水位高，或有障碍层而导致茶树根系无法向下伸展，吸收范围小，这些地块最先出现旱害症状。第二，与品种和树龄有关，无性系良种和幼龄茶树，特别是叶片单薄的白化型茶树品种容易遭受旱害，种子直播的群体种相对抗旱。第三，与茶园管理措施有关，高温干旱期间采摘、修剪、除草、施肥和耕作等田间作业会加重茶园旱害；密植茶园、机采茶园蓬面叶层薄、芽叶瘦小，容易遭受旱害；长期撒施肥料、耕作较少的茶园根系集中在土壤表层，容易遭受旱害；病虫危害严重的茶园，特别是受茶小绿叶蝉或螨类危害的

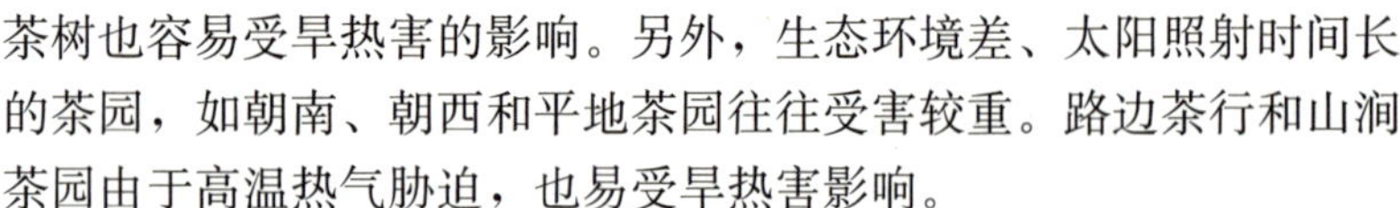

茶树也容易受旱热害的影响。另外，生态环境差、太阳照射时间长的茶园，如朝南、朝西和平地茶园往往受害较重。路边茶行和山涧茶园由于高温热气胁迫，也易受旱热害影响。

茶树干旱的预防和灾后恢复生产技术措施同上一问。

107. 低产茶园是如何形成的？

低产茶园是指产量低于同类型平均水平的茶园，主要包括自然衰老的茶园和未老先衰的茶园。自然衰老的茶园是指茶树从幼苗开始，经过青年期和壮年期，最后进入衰老期的茶园。衰老的茶树往往骨干枝发白或干枯，根颈处不断长出根颈枝，常形成“两层楼”树冠。随着地上部生理机能减退，育芽能力降低，开花结实增多；地下部吸收根不断死亡，根系分布范围缩小。对于这类茶园需要换种改植，进行彻底改造。未老先衰的茶园是指茶树树龄不大、树势衰弱的茶园，其特征为树冠参差不齐或较矮小，骨干枝细弱，“鸡爪枝”多，芽叶稀疏，这类茶园是低产茶园改造的重点，通过重修剪、加强培肥管理和适当留养等复壮树势，逐渐提高茶叶产量。

对于自然衰老的低产茶园，树龄大是主要原因；而对于未老先衰的低产茶园，自然环境条件差、栽培管理不善是主要原因。归纳起来，低产茶园的成因主要有以下几个方面。

（1）树龄过大。茶树是多年生长寿植物，树龄可长达数百年，但在栽培条件下，衰老速度一般比自然生长的快，有效经济年限一般在60年左右，即使管理水平较高的茶园，中高产期也只能维持40年左右。同时，为了控制树高，便于采摘，对于成龄茶园，必须采取树冠改造措施，以维持茶树较高的生产力水平。

（2）生态环境差。茶树的正常生长发育需要良好的生态环境。影响茶树生长发育的生态因素众多，包括气候、土壤、地形等，生态环境中任何因素的极端变化均会导致茶树衰老，如水土流失严重，夏秋季高温干旱或冬季严寒且持续时间长，病虫暴发或杂草恶性发展等，均会导致茶树加速衰老，如没有采取及时有效的补救措

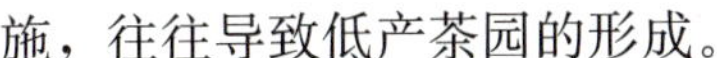

施，往往导致低产茶园的形成。

（3）建园不当。茶树在长期的生长发育过程中形成了喜酸怕碱、喜湿怕涝、嗜铝嫌钙、喜阳耐阴等特点，只有满足茶树生长发育所需要的条件，才能优质高产。然而，由于茶园选址不合理，如土壤 pH 过高，土层浅薄，地下水位过高，或种植茶树的地方坡度过大、海拔过高、雨量不足等，均不利于茶树的健康生长，甚至越种越小，成“小老树”状态。另外，种植的品种不适应当地气候条件、种植密度过稀、成活率低等均是茶园低产的重要原因。

（4）栽培管理不善。这是许多茶园未老先衰的主要原因。长期不施或少施肥，耕作粗放，土壤板结，杂草丛生，没有及时防治病虫害或采取抗旱防冻措施，采摘过度，不合理间作，连续不修剪或三年二头刈等均会加速茶树衰老，使许多树龄不大的茶树育芽能力降低、分枝稀少、新梢瘦小、对夹叶多，从而降低茶叶的产量和品质。

108. 低产茶园如何进行换种？

低产茶园换种更新的方式有改植换种、新老套种和嫁接换种三种方式，其中改植换种是茶园换种的主要方式，本问主要介绍改植换种和新老套种，嫁接换种技术详见下一问。

改植换种是挖除原有茶树，对茶园进行重新规划，种植新品种的方法。对于那些树龄过大、品种种性差、园地规划不合理，或土壤有障碍层的茶园，宜改植换种。按新茶园建设的标准重新规划，设计道路、水利和防护林系统，并调整地形，如修建梯式园地，全面深翻或加培客土，施足底肥等改土措施，按适宜的规格栽种新的无性系良种茶苗。

改植换种时，必须消除不利于茶树生长发育的障碍因素，如土壤有传染性病虫害，土壤板结，土层过浅，有硬盘层或犁底层，通气透水不良，土壤严重酸化等。因此，在改植换种过程中，第一，深翻土壤，用挖掘机将茶树连根拔起后将土壤深耕，打破硬盘层，将表土与底土相互混合，提高底土的肥力水平。第二，大量施有机肥，施足底肥。第三，对于土壤有传染性病虫害的茶园，如根结线虫病等，应进行消毒，彻底根除。第四，在种植茶苗前，最好种2～3季绿肥，这相当于轮作，可杀灭病菌，提高土壤肥力水平。在此基础上种植新品种茶苗。

新老套种就是在老茶园套种新茶苗，待新茶苗长大后再挖去老茶树。这种做法成本较低，且能保持一定的经济收入，可以克服改植换种成本高，改后3～4年内基本没有收入的状况。另外，坡度较大、土壤疏松时，改植换种容易引起水土流失，新老套种保持水土的效果较好。但是，新老套种改土效果差，作业难度大，目前应用较少。

新老套种的具体方法：第一，更新老茶树，即对老茶树进行重修剪或台刈，修剪下来的枝叶清除出园。第二，深翻改土，对老茶树行间土壤进行深翻，要求深50～60厘米、宽90～100厘米，将伸入沟内的老茶树根系切断，沟内按新植茶园标准施足底肥，覆土。第三，茶苗定植，即在老茶树行间种植新品种。第四，待新品种茶树长大后，再挖除原有老茶树，从而完成更新。

109. 嫁接换种要注意哪些技术要点？

嫁接换种是指用原有茶树作为砧木，用无性系良种枝条作为接穗的换种方式。与改植换种相比，嫁接换种利用了砧木庞大的根系，接穗新枝生长快，能提早成园，这是嫁接换种最大的优点。但是，树势衰老的茶树，由于树冠衰败，根系的再生和吸收能力也明显退化，嫁接的新枝生长能力较差；土壤有障碍因子的茶园，由于原有茶树没有挖除，也很难改良。所以，这些茶园不适合嫁接换种。另外，由于茶树枝条较多，也存在成本高、管理复杂等缺点。可见，只有土壤条件良好、没有严重病虫草害、树势旺盛的青壮年良种茶树才适合嫁接换种。

茶树嫁接换种应掌握下列技术环节。

（1）砧木和接穗的选择。要求砧木茶树生长势较强，所在茶园土壤深厚，无明显障碍因子。选择的接穗与砧木有较好的亲和力。砧木枝条直径以0.5～2.5厘米为宜，接穗枝条半木质化，每根枝条嫁接一个接穗，每丛嫁接8～10个砧木枝条。

（2）嫁接。嫁接过程包括剪砧、削穗和接穗。采用低位剪砧，茶树在离地2～3厘米处剪去上部所有枝条，每根砧木枝条用利刀纵切一刀，切缝应略长于接穗斜楔面长度，砧木特别粗大者，宜用切接。一个接穗应具有一个饱满腋芽和一片健壮叶片，每个接穗长3～4厘米，削成斜楔形，削好后，把接穗插入已切开的砧木中，两者的形成层吻合对齐。

（3）培土代绑。茶树嫁接与果树嫁接有所不同，茶树在接好后不进行捆绑，而是培土代绑，嫁接完成后用细碎土将接合部埋入土中，培土至接穗叶柄基部露出叶片和腋芽。培土时边培土边压实土壤，但压力不宜过大，以免引起砧木和接穗移位。培土代绑不但可以防止砧木和接穗失水，而且土壤中昼夜温差小、湿度较稳定，有利于结合部愈伤组织的形成。另外，这种方法还能加快嫁接进度。

（4）嫁接后的管理。从嫁接到接穗与砧木有机结合、接穗上的芽正常萌发生长，夏季嫁接需1～1.5个月，冬季嫁接需到翌年3月底，这段时间的管理是嫁接成活率高低的关键。管理上应做好遮阳、浇水和保温。夏季嫁接以遮阳和浇水为主；冬季嫁接以薄膜保温为主，嫁接后立即浇水湿透土壤，再用薄膜覆盖，翌年3月底去膜。嫁接茶园要及时除草，茶树附近的杂草应连根拔除；积极防治病虫害；及时清除茶树基部再生的新梢，以使水分及营养物质集中供应接穗的生长。

110. 低产茶园如何进行改土？

土壤是茶树生长发育的基础，是茶树矿质养分的主要来源。许多低产茶园是由水土流失严重、土层瘠薄、肥力低下造成的。因此，治水保土、加深有效土层、提高土壤肥力水平是土壤改造的重要内容。

（1）治水保土。即茶园水土保持，这是低产茶园土壤改造最重要的内容。特别是对那些坡度较大、树冠覆盖度较小的茶园。第一，应建立合理的排蓄水系统，特别是陡坡茶园上方与林地相交处应建立隔离沟，以避免茶园外雨水冲刷茶园，导致水土流失。第二，树冠覆盖度较小、缺株断行严重的茶园应补缺，同时加强树冠培养，适当提高修剪高度，减少边缘修剪，提高树冠覆盖度。第三，大力推广茶园内修筑“竹节沟”和种植“双行隔离草”等措施。茶园“竹节沟”是按等高线或以 1/120 的梯度在茶园内修建的排水沟。“竹节沟”由沉沙坑和竹节坝依次相连而成，沉沙坑深 45 厘米、宽 60 厘米、长 100 厘米；竹节坝长约 50 厘米，比茶园地面低 15 厘米，以利水缓慢流入下一个沉沙坑。“竹节沟”的一端与茶园内的主排水沟相连。从沟内挖出的土壤堆于沟的下沿，并将其修筑成一条挡水的小堤坝。“竹节沟”的间隔依茶园坡度而定，一般在 6～15 米。沉沙坑内的泥沙应定期清理，放回到沟上方的茶园内。茶园“双行隔离草”是在山坡茶园内每隔一定距离沿等高线种植双行草或小灌木。选择的草种要求直立、分蘖能力较强，以减缓土表水的流速，同时阻挡部分泥沙。草和小灌木应定期修剪，修剪下来的枝叶作为茶园土壤覆盖的材料。第四，加强茶园铺草，土壤耕作避免在雨季进行，并按等高线横向水平操作，以提高水土保持的效果。

（2）加深有效土层。采用的主要方法有深耕改土和加培客土。深耕改土不但能加深有效土层，而且能疏松土壤，改良土壤固、液、气三相比例，提高蓄水和通气性，为好气性微生物提供良好的环境，有利于土壤养分的释放和茶树根系的伸展。深耕结合施用有机肥，效果更好，具有明显的增产提质作用。加培客土能有效加厚土层，改善土壤的理化和生物性状，扩大茶树根系的吸收和生长区域，提高茶树抗旱、抗寒能力。加培客土应考虑土壤的性质，沙性重的加培黏性土，黏性重的加培沙性土，但碱性土不宜作客土。加培塘泥时，最好夏天挖上来，经过暴晒后再进茶园，以避免塘泥土

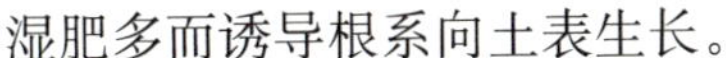

湿肥多而诱导根系向土表生长。

（3）提高土壤肥力水平。有机质、氮、磷、钾含量低是多数低产茶园的共性。首先，应对茶园土壤肥力状况进行全面的检测，包括土壤 pH、有机质、全氮、有效磷、交换性钾和镁，以及有效态硫、铜、锌和硼等养分的含量，在此基础上采取有针对性的改良措施，对于土壤 pH 低于 4.0 和高于 6.5 的茶园分别通过使用白云石粉和硫黄粉等将其调整到 4.5～6.5。其次，加强茶园有机肥的使用，以改善土壤结构和生物性状。最后，有针对性地使用复合肥和其他速效养分，将土壤有效态营养元素的含量调整到适宜的水平。

111. 低产茶园如何进行树冠改造？

改树是低产茶园改造的核心。改树包括树冠改造和根系改造。树冠改造也称“树冠更新”，根据茶树枝条的发育阶段和衰老程度，以及当地茶叶采制特点，因地制宜地采用台刈、重修剪或留养等方式更新复壮树势。

台刈是对树龄较大、树势十分衰老的茶树采取的树冠改造措施。这类茶树往往枝干灰白或干枯，长满苔藓、地衣，树冠叶片稀少，发芽能力弱，对夹叶比例高，开花结实多，在没有修剪的情况下从基部长出新生枝条，采用重修剪已无法复壮树冠。台刈是一种彻底改造树冠的方法，对茶树新生枝条的萌发有较强的刺激作用，但台刈茶树骨干枝培养的难度较大，且恢复产量的时间较长。因此，如果茶树不是十分衰老，不宜采用。

重修剪的对象是未老先衰的茶树，以及一些树冠虽然衰老、但骨干枝及有效分枝仍有较强生育能力的茶树。重修剪的深度一般是离地 40～50 厘米或拦腰剪，即剪去茶树树冠的一半。具体因茶树树势不同略有差异。对树势不十分衰老、主干又较粗壮的茶树，修剪程度稍轻；而对树势衰老、主干细弱的，修剪程度宜重。在同一块茶园内，修剪高度应一致，宜重不宜轻。实践证明，重修剪是树冠改造最常用和最有效的方式，它促进芽叶萌发的能力较强，对茶树的伤害又不大，能在较短的时间内恢复树势。因此，可多次连续应用。

留养是在原有树冠的基础上，通过留蓄新梢，恢复茶树的生长势，并提高茶树的高度和幅度。具体是对树龄不大、茶丛矮小、枝干较粗壮的茶树，通过不采夏秋茶，有效地扩大树冠覆盖度，恢复树势，提高茶叶产量和品质。对于这类茶树，首先应克服树冠矮小的成因，如采摘过度或三年二头刈等。只有这样，留养才能最终发挥作用。

树冠改造是低产茶园恢复树势的重要一环，但只改树冠，不与其他技术措施相配套则效果较差，且事倍功半。因此，修剪必须与根系改造和土壤改造相结合，并配合科学的施肥、采摘和病虫防控技术，才能充分发挥修剪更新对茶树的增产提质效果。茶树根系改造与改土结合进行，即茶树重剪或台刈前后，对茶园土壤进行深翻、施有机肥，土壤深翻时会切断部分根系，但由于土壤改造后，理化性状改善，能促进根系的再生，从而增强茶树的吸收机能。根系的更新又会进一步促进地上部的生长，从而提高茶叶的产量、品质和经济效益。

参 考 文 献

边磊，苏亮，蔡顶晓，2018. 天敌友好型 LED 杀虫灯应用技术［J］. 中国茶叶（2）：5-8.

陈凤仙，陈宗新，郜铁俊，1994. 龙井茶园春肥早施试验初报［J］. 中国茶叶，16（1）：13.

陈宗懋，2013. 茶树害虫化学生态学［M］. 上海：上海科学技术出版社.

陈宗懋，2022. 有害生物绿色防控技术发展与应用［J］. 中国茶叶，44（1）：1-6.

陈宗懋，杨亚军，2011. 中国茶经［M］. 上海：上海文化出版社.

傅海平，2017. 茶园绿肥品种——茶肥 1 号［J］. 湖南农业（1）：25.

郭华伟，周孝贵，2018. 隐蔽的茶树杀手——长白蚧［J］. 中国茶叶（9）：5-7.

韩冰洁，张立君，张建君，2021. 作物根结线虫病防治研究进展［J］. 长江蔬菜，22：44-48.

韩文炎，2000. 蒸青茶茶园栽培管理技术要点［J］. 中国茶叶（6）：37-39.

韩文炎，2006. 茶叶品质与钾素营养［M］. 杭州：浙江大学出版社.

韩文炎，2007. 茶树种植［M］. 杭州：浙江摄影出版社.

韩文炎，蔡雪雄，童正坤，2006. 遮阳网覆盖防治茶树春季冻害的效果［J］. 中国茶叶，28（6）：15-16.

韩文炎，胡大伙，石元值，等，2004. 茶树硫素营养研究现状与展望［J］. 茶叶科学，24（4）：227-234.

韩文炎，江用文，唐美君，等，2009. 生态高效茶树栽培技术［M］. 北京：中国三峡出版社.

韩文炎，李强，2002. 茶园施肥现状与无公害茶园施肥技术［J］. 中国茶叶，24（6）：29-31.

韩文炎，李鑫，2015. 茶树晚霜冻害综合防治技术［J］. 中国茶叶（2）：16-17.

韩文炎，李鑫，颜鹏，等，2018. 茶园“倒春寒”防控技术［J］. 中国茶叶（2）：9-12.

韩文炎，李鑫，颜鹏，等，2018. 生态茶园的概念与关键建设技术［J］. 中国茶叶（1）：10－14.

韩文炎，马立锋，石元值，等，2007. 茶树控释氮肥的施用效果与合理施用技术研究［J］. 植物营养与肥料学报，13（6）：1148－1155.

韩文炎，阮建云，林智，等，2002. 茶园土壤主要营养障碍因子及系列专用肥的研制［J］. 茶叶科学，22（1）：70－74.

韩文炎，王国庆，许允文，2003. 塑料大棚对茶树生理代谢的影响［J］. 中国农业科学，36（9）：1020－1025.

韩文炎，伍炳华，姚国坤，1991. 轻修剪对不同品种茶树生长的影响［J］. 中国茶叶（1）：4－5.

韩文炎，肖强，2013. 2013年夏季茶园旱热害成因及防治建议［J］. 中国茶叶（9）：18－19.

姜楠，刘淑仙，薛大勇，等，2014. 我国华东地区两种茶尺蛾的形态和分子鉴定［J］. 应用昆虫学报，51（4）：987－1002.

冷杨，尚怀国，陈勋，等，2019. 我国低产低效老茶园改造技术措施及工作建议［J］. 中国农技推广（8）：11－13，24.

李鑫，张丽平，张兰，等，2018. 茶园高温干旱灾害防控技术［J］. 中国茶叶（7）：38－41.

李兆群，2022. 我国茶园有害生物生物防治技术研究及应用［J］. 中国茶叶，44（5）：8－12.

林威鹏，凌彩金，郜礼阳，等，2020. 茶园杂草防控技术研究进展［J］. 中国茶叶（1）：20－28.

陆德彪，金银永，雷永宏，2018. 适宜机械化采摘的茶树树冠特点及培育［J］. 中国茶叶（3）：1－4.

骆耀平，2008. 茶树栽培学［M］. 北京：中国农业出版社.

潘建义，洪苏婷，张友炯，等，2016. 茶树体内硫的分布特征及施硫对茶叶产量和品质影响研究［J］. 茶叶科学，36（6）：575－586.

石春华，2017. 浙江茶树病虫害绿色防控技术［J］. 中国茶叶（11）：36－37.

孙晓玲，2018. 茶园食叶能手“花鸡娘”——茶丽纹象甲［J］. 中国茶叶（11）：14－16.

谭济才，2002. 茶树病虫防治学［M］. 北京：中国农业出版社.

唐美君，2019. 茶炭疽病的识别与防治［J］. 中国茶叶（4）：6－8.

伍炳华，韩文炎，姚国坤，1991. 茶树氮磷钾营养的品种间差异 I. 氮肥在茶

树品种间的生长和生理效应［J］. 茶叶科学，11（11）：11－18.
肖宏儒，韩余，宋志禹，等，2018. 茶园机械化耕作技术［J］. 中国茶叶（1)：5－9.
肖宏儒，权启爱，2012. 茶园作业机械化技术及装备研究［M］. 北京：中国农业科学技术出版社.
肖强，2009. 无公害茶叶生产关键技术百问百答［M］. 北京：中国农业出版社.
谢学民，杨贤强，沈毓渭，等，1993. 不同技术措施对碳氮在茶树内分布及茶叶品质的影响［J］. 核农学报，7（1)：29－36.
许允文，韩文炎，石元值，2000. 有机茶开发前景与关键技术［J］. 茶叶，26（1)：11－13.
许允文，朱跃进，韩文炎，2001. 有机茶开发技术指南［M］. 北京：中国农业科技出版社.
颜鹏，韩文炎，李鑫，等，2017. 茶园防灾减灾实用技术［M］. 北京：中国农业出版社.
颜鹏，韩文炎，李鑫，等，2020. 中国茶园土壤酸化现状与分析［J］. 中国农业科学，53（4)：795－801.
杨清霖，杨向德，石元值，等，2019. 茶园滴灌与水肥一体化技术研究［J］. 茶叶学报，60（1)：32－37.
杨亚军，2004. 中国茶树栽培学［M］. 上海：上海科技出版社.
姚国坤，吴洵，1990. 优化型茶树的形成特点和定向调控［J］. 中国农业科学，23（6)：62－68.
尹军峰，陆德彪，2018. 名优绿茶机械化采制技术与装备［M］. 北京：中国农业科学技术出版社.
余继忠，1996. 重修剪对茶叶产量和品质的持续效应［J］. 中国茶叶（4)：32－33.
袁海波，滑金杰，邓余良，等，2018. 名优绿茶机械化采摘技术［J］. 中国茶叶（6)：4－9.
张瑾，孙晓玲，肖强，2021. 茶树嫩叶上的“白馒头”——茶饼病［J］. 中国茶叶，43（4)：32－34.
张丽平，李鑫，颜鹏，等，2018. 茶园高效修剪技术［J］. 中国茶叶（5)：71－74.
邹振浩，沈晨，李鑫，等，2021. 我国茶园氮肥利用和损失现状分析［J］. 植物营养与肥料学报，27（1)：153－160.
Barman T S，Saikia J K，Pathak S K，1998. Starch research and growth of tea

[J]. Two and a Bud, 45 (1): 14-18.

Gogoi A K, Dev Choudhury M N, Gogoi N, 1993. Effect of phosphorus on the quality of made teas [J]. Two and a Bud, 40 (2): 15-21.

Han W Y, Huang J G, Li X, et al., 2017. Altitudinal effects on the quality of green tea in east China: a climate change perspective [J]. European Food Research and Technology, 243: 323-330.

Han W Y, Kemmitt S J, Brookes P C, 2007. Soil microbial biomass and activity in Chinese tea gardens of varying stand age and productivity [J]. Soil Biology & Biochemistry, 39: 1468-1478.

Han W Y, Li X, Ahammed G J, 2018. Stress physiology of tea in the face of climate change [M]. Singapore: Springer Nature Singapore Pte Ltd.

Han W Y, Ma L F, Shi R Z, et al., 2008. Nitrogen dynamics during the transformation of slow release fertilizers and their effects on tea yield and quality [J]. Journal of the Science of Food and Agriculture, 88: 839-846.

Han W Y, Wang D H, Fu S W, et al., 2018. Tea from organic production has higher functional quality characteristics compared with tea from conventional management systems in China [J]. Biological Agriculture and Horticulture, 34 (2): 120-131.

Han W Y, Wei C L, Orians C M, et al., 2021. Responses of tea plants to climate change: from molecules to ecosystems [M]. Lausanne: Frontiers in Plant Science.

Han W Y, Xu J M, Wei K, et al., 2013. Estimation of N_2O emission from tea garden soils, their adjacent vegetable garden and forest soils in eastern China [J]. Environmental Earth Sciences, 70: 2495-2500.

Han W Y, Zhu Y X, Marchand M, 2005. Tea and Sulphate of Potash [M]. Sulphate of Potash Information Board.

Han Z Q, Lin H Y, Xu P S, et al., 2022. Impact of organic fertilizer substitution and biochar amendment on net greenhouse gas budget in a tea plantation [J]. Agriculture, Ecosystems and Environment, 326: 107779.

Hayatsu M, Kosuge N, 1989. Effect of nitrification on pH of tea field soils [J]. Bulletin of the National Research Institute of Vegetables, Ornamental Plants and Tea, 3: 1-8.

Li Z X, Yang W J, Ahammed G J, et al., 2016. Developmental changes in

carbon and nitrogen metabolism affect tea quality in different leaf position [J]. Plant Physiology and Biochemistry, 106: 327 - 335.

Morita A, Ohta M, Yoneyama T, 1998. Uptake, transport and assimilation of ^{15}N-nitrate and ^{15}N-ammonium in tea (*Camellia sinensis* L.) plants [J]. Soil Science and Plant Nutrition, 44 (4): 647 - 654.

Ohhashi T, 2002. Influence of covering in winter on the components of new shoots of first crop of tea [J]. Tea Research Journal, 93: 9 - 18.

Qin D Z, Zhang L, Xiao Q, et al., 2015. Clarification of the identity of the tea green leafhopper based on morphological comparison between Chinese and Japanese specimens [J]. PLoS One, 10 (9): e0 139 202.

Scott E R, Li X, Kfoury N, et al., 2019. Interactive effects of drought severity and simulated herbivory on tea (*Camellia sinensis*) volatile and non-volatile metabolites [J]. Environmental and Experimental Botany, 157: 283 - 292.

Scott E R, Li X, Wei J P, et al., 2020. Changes in tea plant secondary metabolite profiles as a function of leafhopper density and damage [J]. Frontiers in Plant Science, 11: 636.

Scott E R, Wei J P, Li X, et al., 2021. Differing non-linear, lagged effects of temperature and precipitation on an insect herbivore and its host plant [J]. Ecological Entomology, 46: 866 - 876.

Sharma V S, Murty R S R, 1989. Certain factors influence recovery of tea from pruning in south india [J]. Tea, 10 (1): 32 - 41.

Xu Y, Dietrich C H, Zhang Y L, et al., 2021. Phylogeny of the tribe Empoascini (Hemiptera: Cicadellidae: Typhlocybinae) based on morphological characteristics, with reclassification of the Empoasca generic group [J]. Systematic Entomology, 46: 266 - 286.

Yan P, Shen C, Fan L C, et al., 2018. Tea planting affects soil acidification and nitrogen and phosphorus distribution in soil [J]. Agriculture, Ecosystems and Environment, 254: 20 - 25.

Yan P, Wu L Q, Wang D H, et al., 2020. Soil acidification in Chinese tea plantations [J]. Science of the Total Environment, 715: 136963.